Alfred Rieth

Xanthophyceae · 2. Teil

Süßwasserflora von Mitteleuropa

Begründet von A. Pascher

Herausgegeben von
H. Ettl · J. Gerloff · H. Heynig

Band 4:
Rieth · Xanthophyceae
2. Teil

Süßwasserflora von Mitteleuropa
Fresh Water Flora od Central Europe

Bd./Vol. 1/1	Chrysophyte and Haptophyte Algae, 2nd ed., Part 1 (Chrysophyceae s. str., Dictyochophyceae, Phaeothamniophyceae and Haptophyceae)
Bd./Vol. 1/2	Chrysophyte and Haptophyte Algae, 2nd ed., Part 2 (Synurophyceae) (2007)
Bd./Vol. 2/1 A	Bacillariophyceae (Naviculaceae) (Text) (1999)
Bd./Vol. 2/1 B	Bacillariophyceae (Naviculaceae) (Tafeln) (1999)
Bd./Vol. 2/2	Bacillariophyceae (Bacillariaceae, Epithemiaceae, Surirellaceae) (1997)
Bd./Vol. 2/3	Bacillariophyceae (Centrales; Fragilariaceae, Eunotiaceae) (2004)
Bd./Vol. 2/4	Bacillariophyceae (Achnanthaceae, Literaturverzeichnis) (2004)
Bd./Vol. 2/5	Bacillariophyceae (English and French translation of the keys) (2000)
Bd./Vol. 3	Xanthophyceae 1. Teil (1978)
Bd./Vol. 4	Xanthophyceae 2. Teil (1980)
Bd./Vol. 5	Cryptophyceae und Raphidophyeae
Bd./Vol. 6	Dinophyceae (Dinoflagellida) (1990)
Bd./Vol. 7	Phaeophyceae und Rhodophyceae
Bd./Vol. 8	Euglenophyceae
Bd./Vol. 9	Chlorophyta I (Phytomonadina) (1983)
Bd./Vol. 10	Chlorophyta II (Tetrasporales, Chlorococcales, Gloeodendrales) (1988)
Bd./Vol. 11	Chlorophyta III (Chlorophyceae p. p.: Chlorellales, Protosiphonales)
Bd./Vol. 12	Chlorophyta IV (Chlorophyceae p. p.: Stichococcales, Microsporales; Codiolophyceae: Ulotrichales, Monostromatales)
Bd./Vol. 13	Chlorophyta V (Chlorophyceae p. p.: Chaetophorales, Trentepohliales, Chlorosphaerales)
Bd./Vol. 14	Chlorophyta VI (Oedogoniophyceae: Oedogoniales) (1985)
Bd./Vol. 15	Chlorophyta VII (Bryopsidophyceae: Cladophorales, Sphaeropleales)
Bd./Vol. 16	Chlorophyta VIII (Conjugatophyceae I: Zygnemales) (1984)
Bd./Vol. 17	Chlorophyta IX (Conjugatophyceae II: Zygnematales: Mesotaeniaceae; Desmidiales)
Bd./Vol. 18	Charales (Charophyceae) (1997)
Bd./Vol. 19/1	Cyanoprokaryota I (Chroococcales) (1998)
Bd./Vol. 19/2	Cyanoprokaryota II (Oscillatoriales) (2005)
Bd./Vol. 19/3	Cyanoprokaryota III (Nostocales, Stigonematales)
Bd./Vol. 20	Schizomycetes (1982)
Bd./Vol. 21/1	Fungi, 1st Part (Lichens) (2008)
Bd./Vol. 21/2	Fungi, 2nd Part
Bd./Vol. 22	Bryophyta
Bd./Vol. 23	Pterido- und Anthophyta 1. Teil: Lycopodiaceae bis Orchidaceae (1980)
Bd./Vol. 24	Pterido- und Anthophyta 2. Teil: Saururaceae bis Asteraceae (1981)

Xanthophyceae
2. Teil

Alfred Rieth

61 Figuren

Autor:
Prof. em. Dr. rer. nat. Alfred Rieth

Bibliografische Information der Deutschen Nationalbibliothek
Die Deutsche Nationalbibliothek verzeichnet diese Publikation in der Deutschen Nationalbibliografie; detaillierte bibliografische Daten sind im Internet über http://dnb.d-nb.de abrufbar.

Springer ist ein Unternehmen von Springer Science+Business Media
springer.de

1. Auflage 1980,
Gustav Fischer Verlag · Jena und Gustav Fischer Verlag · Stuttgart · New York,
unveränderter Nachdruck 2009

Spektrum Akademischer Verlag ist ein Imprint von Springer

09 10 11 12 13 5 4 3 2 1

Planung und Lektorat: Dr. Ulrich G. Moltmann, Dr. Christoph Iven
Umschlaggestaltung: SpieszDesign, Neu–Ulm
Satz: Bauer & Bökeler Filmsatz KG, Denkendorf

ISBN 978-3-8274-2138-8

Vorwort der Herausgeber

Die von A. Pascher herausgegebene Süßwasserflora Deutschlands, Österreichs und der Schweiz, deren zweite Auflage dann den Titel Süßwasserflora Mitteleuropas erhielt, galt und gilt noch immer als das Standardwerk der Bestimmungsliteratur der Süßwasserpflanzen, an das sich spätere Floren in Inhalt und äußerer Gestaltung eng anlehnen. Die Süßwasserflora hat sich seit dem Erscheinen ihrer ersten Bände auf der ganzen Welt einen berechtigten Ruf erworben, ja sie ist darüber hinaus zu einem Begriff geworden. Nicht nur Anfänger, sondern auch Spezialisten, die sich mit Süßwasserpflanzen und besonders mit Algen befassen, greifen immer wieder zu dieser Bücherreihe. Dies darf als Beweis für die Richtigkeit der Pascherschen Grundkonzeption dienen, die zu verändern auch heute noch keine Veranlassung besteht. Das bedeutet jedoch nicht, daß die Neubearbeitung der Süßwasserflora im einzelnen nicht wesentliche Erweiterungen und Veränderungen erfahren mußte, liegen doch die Erstbearbeitungen z. T. mehr als 60 Jahre zurück, wobei nicht alle der geplanten Bände erschienen sind. Die heutigen Anschauungen über die Verwandtschaftsverhältnisse haben sich gegenüber früheren Vorstellungen ebensosehr gewandelt, wie die Zahl der Arten, die Kenntnis ihrer Entwicklungsgeschichte oder ihrer ökologischen Ansprüche zugenommen hat. All dies mußte in einer Neuauflage seinen Niederschlag finden, zumal wenn sie sich zum Ziel setzt, den neuesten Kenntnisstand der Systematik der behandelten Gruppen widerzuspiegeln. Es ist daher verständlich, daß sowohl Zahl und Umfang der Bände als auch die Anzahl der Abbildungen vermehrt werden mußten. Dennoch soll und kann die Flora die monographische Bearbeitung der einzelnen taxonomischen Gruppen nicht ersetzen. In diesem Sinne mußte auch manches kompilatorisch zusammengetragen werden, obwohl eine kritische Durcharbeitung stets angestrebt wurde. Viele Arten sind nur sehr selten gefunden worden, manche überhaupt nur von der Erstbeschreibung bekannt. In diesen Fällen kann nur der erfahrene Kenner einer Sippe die Angaben in der Literatur zutreffend bewerten. Dennoch wird es stets Unsicherheiten – wie immer in der Taxonomie – in der Bewertung geben.

Wenn auch der Titel des Werkes beibehalten wurde, so sind doch in vielen Gruppen, vor allem bei den Algen, wie z. T. auch schon in den ersten beiden Auflagen, ganz Europa und vielfach auch die übrigen Kontinente berücksichtigt. Dies hat zu einer Ausweitung des Umfangs der Süßwasserflora ebenso beigetragen wie die neue Gliederung des Gesamtwerkes, die heutigen taxonomischen Anschauungen Rechnung trägt, aber auch, wie wir hoffen, die Benutzbarkeit erleichtert. Dem sollen auch die zahlreichen Abbildungen dienen, die nicht nur jede Art, sondern meist auch für das Erkennen wichtige Entwicklungsstadien wiedergeben.

Das verstärkte Interesse der Gesellschaft an Fragen des Umweltschutzes drückt sich in einer Zunahme hydrobiologischer Forschungen aus, für die eine zuverlässige Bestimmungsflora die Voraussetzung ist; wir glauben, daß hier die Neuauflage der Süßwasserflora eine Lücke schließen kann, die dem praktisch arbeitenden Hydrobiologen meist schmerzhaft bewußt wird. Diese Lücken haben weder die Rabenhorstsche Kryptogamenflora, die ein Torso geblieben ist, noch die Reihe «Das Phytoplankton des Süßwassers», die bewußt nur einen Teil der Formenfülle erfaßt, beseitigt, noch die Süßwasserflora in polnischer oder russischer Sprache, die für viele Benutzer sprachlich nicht zugänglich sind und sich außerdem meist auf geographisch begrenzte Gebiete beschränken und oft auch nicht alle bekannten Sippen enthalten.

Andererseits haben wir wegen der vorhandenen Phytoplanktonbände geglaubt, auf einen besonderen Band «Phytoplankton», wie er von Pascher ursprünglich geplant war, verzichten zu können.

Die Gliederung des Werkes ist auf 23 Bände berechnet, die von der grundlegenden Einteilung Paschers ausgeht, aber auch die Klassifikation von Chadefaud (1960), Christensen (1962) und Bourrelly (1970) berücksichtigt. Dementsprechend sind die einzelnen Hefte eingeteilt. Diese sollen nicht die phylogenetischen Beziehungen wiedergeben, sondern vielmehr der praktischen Orientierung dienen und solche taxonomische Gruppen umfassen, die durch bestimmte, eindeutig charakterisierte Merkmale zu unterscheiden sind.

Band 1 Chrysophyceae
Band 2 Bacillariophyceae
Band 3 Xanthophyceae I: erschienen 1978
Band 4 Xanthophyceae II (Vaucheriales)
Band 5 Cryptophyceae und Raphidophyceae
Band 6 Dinophyceae
Band 7 Phaeophyceae und Rhodophyceae
Band 8 Euglenophyceae
Band 9 Chlorophyceae I (Pedinomonadales, Pyramimonadales, les)
Band 10 Chlorophyceae II (Tetrasporales)
Band 11 Chlorophyceae III (Chlorococcales)
Band 12 Chlorophyceae IV (Ulotrichales)
Band 13 Chlorophyceae V (Chaetophorales, Trentepohliales etc.)
Band 14 Chlorophyceae VI (Oedogoniales)
Band 15 Chlorophyceae VII (Sphaeropleales, Siphonocladales)
Band 16 Conjugatophyceae I (Zygnemales)
Band 17 Conjugatophyceae II (Desmidiales)
Band 18 Charophyceae
Band 19 Cyanophyceae
Band 20 Schizomycetes
Band 21 Mycophyta (Phycomycetes, Fungi imperfecti, Lichenes etc.)
Band 22 Bryophyta
Band 23 Pteridophyta und Anthophyta

Da fast alle früheren Mitarbeiter der Süßwasserflora verstorben sind, mußten für die entsprechenden Gruppen neue Bearbeiter gewonnen werden. Allen, die sich bereit erklärt haben, sich dieser Aufgabe zu unterziehen, haben die Herausgeber sehr herzlich zu danken, vor allem, da sie nicht verkennen, wie undankbar eine derartige Aufgabe ist und wieviel Zeit sie beansprucht. Der Dank gilt aber auch den beiden Verlagen, die bereit waren, mancherlei Wünsche zu akzeptieren, auch wenn sie zusätzlich finanzielle Belastungen bedeuteten, und die stets bemüht waren, auftretende Schwierigkeiten zu überbrücken. Die Herausgeber haben den Wunsch, daß sich die neue Edition der Süßwasserflora ebenso bewähren möge wie die beiden von A. Pascher redigierten Auflagen. Sie hoffen darüber hinaus, damit dem Andenken A. Paschers zu dienen, des hervorragenden Wissenschaftlers und liebenswürdigen Menschen, dem sie direkt oder indirekt viel verdanken.

Mit seinen Worten möchten wir uns zum Schluß an die Benutzer dieses Werkes wenden: «Irrtümer lassen sich beim besten Willen nicht vermeiden, weder für den speziellen Bearbeiter, noch für den Herausgeber, der ein schwer übersehbares großes Gebiet unmöglich gleichmäßig übersehen kann. Für jede sachliche und wohlgemeinte Anregung und Berichtigung werden Herausgeber und Bearbeiter immer dankbar sein.»

Hiermit legen wir Band 4 als zweiten erscheinenden Band des Gesamtwerkes der Öffentlichkeit vor.

H. Ettl · J. Gerloff · H. Heynig · B. Schussnig †

Vorwort

Was verlangt man von einer Flora? Einen Führer zur möglichst eindeutigen Zuordnung gefundener Formen mit Angaben über Vorkommen, Verbreitung und Lebensbedingungen. Mittel zur Erreichung dieses Zieles sind auf klar abgrenzbare Merkmale gegründete Bestimmungsschlüssel und sorgfältige, durch naturgetreue Abbildungen unterstützte, auch den Variabilitätsbereich umgrenzende Diagnosen der Taxa. Dabei zeigt sich in der Praxis bald, daß der Erreichung dieser Anforderung eine Reihe von Schwierigkeiten im Wege stehen. Einmal sind da die Fälle, in denen sich Formenkreise überschneiden und im Überdeckungsbereich die Grenzziehung zur Ermessensfrage wird. Bei dem Versuch zum anderen, die Existenzvoraussetzungen, die Ansprüche an den Biotop, die Spanne von Optimal- zu den Grenzbedingungen zu charakterisieren, zeigt sich leider sehr oft, daß unsere Kenntnisse darüber noch recht lückenhaft, oft sogar widersprüchlich sind. Kulturversuche können zur Klärung wertvolle Beiträge liefern, ohne jedoch die ganze komplexe Verflechtung der Umweltfaktoren am Standort restlos zu erhellen. In zahlreichen Fällen müssen wir uns derzeit eingestehen, noch nicht zu wissen, warum eine bestimmte Form an einer Stelle vorkommt, an einer anderen, anscheinend ganz ähnlich beschaffenen aber nicht.

Ich bin mir völlig bewußt, daß die hier vorgelegte Darstellung daher auch nur eine Grundlage für die weitere Arbeit sein kann. Sie fußt neben der selbstverständlichen Berücksichtigung der Literatur weitgehend auf langjährigen eigenen Untersuchungen bzw. Nachuntersuchungen an lebenden Pflanzen vom natürlichen Standort und aus Kulturen. Ganz bewußt wurde auf Herbarstudien verzichtet, da solche sorgfältig und umfangreich von früheren Bearbeitern durchgeführt und ihren Arbeiten zugrunde gelegt sind (vgl. dazu auch die Ausführungen S. 27ff.).

Besonderer Wert wurde auf die bisher oft recht stiefmütterlich behandelte bildliche Darstellung gelegt. Die Abbildungen beruhen, bis auf wenige Ausnahmen, bei denen die Quelle angegeben ist, auf Originalen, die fast ausschließlich nach Präparaten der lebenden Pflanze mit dem Zeichenprisma entworfen, häufig (namentlich bei reifen Oosporen) als farbige Aquarelle ausgeführt sind. Dabei ist stets das wiedergegeben, was tatsächlich im jeweils vorliegenden Präparat zu sehen war. Der Interpretation sind Schemata vorbehalten. Die Originalvorlagen wurden von meiner Mitarbeiterin, Frau V. Liebert, mit großem Einfühlungsvermögen in die für den Druck geforderte Tusche-Strichzeichnungsmanier übertragen. Eine gewisse unnatürliche Härte ist bei dieser Technik (etwa gegenüber der Lithographie) leider unvermeidlich.

Entsprechend dem Titel «Süßwasserflora von Mitteleuropa» war eine Beschränkung auf Vertreter dieser Biotope und dieser Region erforderlich. Die Grenzziehung erfolgte so, daß von den etwa 40 bisher in Europa festgestellten Arten 32 süßwasser- und süßwasserfeuchte-terrestrische Standorte bewohnende, sowie an Salzstellen des Binnenlandes gefundene ausführlich behandelt sind. Die restlichen 8 halophilen Spezies der Meeresküsten dagegen sind nur in den Bestimmungsschlüsseln mit berücksichtigt, ebenso wie die Masse der 26 für Europa noch nicht nachgewiesenen Arten.

Zu danken habe ich Frau V. Liebert, die mich neben der erwähnten Ausführung der Abbildungsvorlagen bei der Führung der Verbreitungs- und Standortkartei unterstützte. Dankbar gedenke ich auch der langjährigen verständnisvollen Förderung meiner Arbeiten durch die Direktoren des Zentralinstituts für Genetik und Kulturpflanzenforschung Gatersleben, besonders Herrn Prof. Dr. Dr. h. c. mult. H. Stubbe. Anerkennung verdient auch das Bemühen der Herausgeber und der beiden Verlage um zügige Drucklegung und gute Ausstattung.

Gatersleben, Weihnachten 1978 A. Rieth

Inhalt

Bestimmungsschlüssel für die Klassen der Algen XIII

I. Allgemeiner Teil 1
1. Abgrenzung der Vaucheriales 1
2. Der vegetative Thallus 3
3. Lebenszyklus (Ontogenie) 7
3.1. Lebensdauer 7
3.2. Lebenskreis 7
Vegetative Vermehrung 7
Synplanosporen (Synzoosporen) 10
Aplanosporen, Brutkeulen 10
Sexuelle Fortpflanzung 12
Spermangien 12
Oogonien 15
Zygoten 17
4. Vorkommen 20
5. Kulturen 21
Nährlösungen 23
6. Morphologie des sexualreifen Thallus-Wuchstypen 25
7. Untersuchung und Bestimmung 27
8. Parasiten 30
Tierische Parasiten 31
Pflanzliche Parasiten 33

II. Spezieller Teil 35
A. Gattung Vaucheria 36
Bestimmungsschlüssel der Sektionen der Gattung *Vaucheria* 36
1. Sektion: Woroninia 38
Bestimmungsschlüssel der europäischen Arten 38
2. Sektion: Tubuligerae 45
Bestimmungsschlüssel der europäischen Arten 45
3. Sektion: Globiferae 49
Bestimmungsschlüssel der Arten 49
4. Sektion: Corniculatae 55
Bestimmungsschlüssel der Subsektionen 55
4.1. Subsektion Sessiles 55
Bestimmungsschlüssel der Arten 55
4.2. Subsektion: Racemosae 63
Bestimmungsschlüssel der Gruppen 64
4.2.1. Pseudogeminata-Gruppe 64
Schlüssel der Arten 64
4.2.2. Geminata-Gruppe 76
Schlüssel der Arten 77

4.2.3. Hamata-terrestris-Gruppe 85
Schlüssel der Arten 85
5. Sektion: Anomalae 102
Bestimmungsschlüssel der Arten 102
6. Sektion: Androphorae 112
7. Sektion: Piloboloideae 115
Bestimmungsschlüssel der Arten 115
8. Sektion: Acrandrae 126
Bestimmungsschlüssel der Arten 126
9. Sektion: Pseudoanomalae 126
Bestimmungsschlüssel der Arten 126
10. Sektion: Contortae 127
11. Sektion: Heeringia 127
12. Sektion: Hercynianae 130
B. Gattung *Asterosiphon* 133

Literaturverzeichnis 138

Namenverzeichnis 144

Bestimmungsschlüssel für die Klassen der Algen

Der folgende kurze Bestimmungsschlüssel soll es auch dem weniger Erfahrenen ermöglichen, eine gefundene Alge zunächst in die richtige Klasse einzuordnen, ehe die nähere Bestimmung vorgenommen wird.

Es war selbstverständlich nicht möglich, in dem kurzen Bestimmungsschlüssel bei der Beschreibung der Klassen auch alle stark abweichenden Gattungen zu berücksichtigen. Die Herausgeber hoffen aber trotzdem, daß damit auch dem Nichtspezialisten der praktische Gebrauch der Süßwasserflora erleichtert wird.

1a Zellen ohne typischen Zellkern und ohne Chromatophoren. Genetisches Material in Form von Chromatinelementen im zentralen Teil der Zelle gelagert. Pigmente blaugrün, olivgrün oder purpurfarbig, im peripheren Chromatoplasma verteilt. Zellwand, dünn, häufig von einer mehr oder weniger festen Schleimhülle umgeben. Zellen oft mit Pseudovakuolen. Reservestoffe sind Glykogen und proteinartiges Cyanophycin. Jodtest auf Stärke negativ. Einzellige, kolonie- oder fadenbildende Algen . . . . **Cyanophyceae**

1b Zellen mit typischem Zellkern sowie durch cytoplasmatische Membranen abgegrenzte Chromatophoren. Zellwand meist deutlich **2**

2a Zellen mit überwiegend grasgrünen Assimilationspigmenten. Chlorophyll a und b vorhanden, jedoch kann das Chlorophyll durch akzessorische Pigmente maskiert sein z. B. *Euglena, Haematococcus, Trentepohlia* **3**

2b Zellen mit anders gefärbten Chromatophoren. Chlorophyll b stets fehlend. Farbe der Assimilationspigmente bei einzelnen Klassen der der Chlorophyceae sehr ähnlich (Rhaphidophyceae, Xanthophyceae) . **6**

3a Einzellige, gefärbte oder farblose, meist freischwimmende Flagellaten, z. T. in festen Gehäusen, oft metabolisch. (Vereinzelt kommt Koloniebildung vor!) Stärkebildung (Paramylum) außerhalb der Chromatophoren. Paramylumkörnchen-, stab- oder ringförmig, durch Jod nicht färbbar . . . . **Euglenophyceae**

3b Stärkebildung innerhalb der Chromatophoren. Stärke wird durch Jod blau gefärbt **4**

4a Geschlechtliche Fortpflanzung durch Konjugation unbeweglicher Zellen. Algen einzellig, koloniebildend oder fadenförmig, mit oft kompliziert gebauten Chromatophoren. Begeißelte Stadien fehlen . . . . **Conjugatophyceae**

4b Geschlechtliche Fortpflanzung niemals durch Konjugation, sondern stets durch bewegliche Zellen **5**

5a Makrophytische, quirlartig verzweigte Algen, deren Vegetationskörper aus Knoten- und Internodialzellen aufgebaut ist. Mit kompliziert gebauten, eigenwertigen Geschlechtsorganen . . . . **Charophyceae**

5b Algen nicht aus Knoten- und Internodialzellen aufgebaut; sehr vielgestaltig: einzellig, kolonie- oder coenobienbildend, fädig oder siphonal. Entweder vorwiegend als Flagellaten lebend (Volvocales, Pedinomonadales, Pyramimonadales) oder vorwiegend im unbeweglichen Zustand vorkommend. Geißeln stets isokont . . . . **Chlorophyceae**

6a Assimilationspigmente «maigrün» oder gelbgrün 7

6b Assimilationspigmente gelblich oder braun, graurot oder blau 8

7a Assimilationspigmente durch Xanthophylle und Carotine gelbgrün gefärbt, durch Zusatz verdünnter Salzsäure in einen bläulich-grünen Farbton umschlagend. Chromatophoren 1 – mehrere, meist scheibenförmig. Reservestoffe: Chrysolaminarin neben Volutin und Fetten. Stärke fehlend. Einzellige, koloniebildende, fädige oder siphonale Algen. Zellwand häufig zweiteilig aus H-Stücken gebildet . . . . **Xanthophyceae**

7b Assimilationspigmente maigrün. Chromatophoren sehr zahlreich, gewöhnlich radial ausgerichtet. Zellen häufig mit Trichocysten. Durch zwei seitenständige Geißeln bewegliche Flagellaten . . . . **Rhaphidophyceae**

8a Assimilationspigmente gelblich oder braun gefärbt 9

8b Assimilationspigmente graurot, rötlich oder blau 12

9a Algen fadenförmig (einfach oder verzweigt) oder kleine parenchymatöse Thalli bildend; mit individualisierten Sporangien. Reservestoffe: Chrysolaminarin . . . . **Phaeophyceae**

9b Algen einzellig oder koloniebildend, nur sehr selten fadenförmig und dann ohne individualisierte Sporangien 10

10a Zellen ohne Geißeln, mit einer zweiteiligen, skulpturierten und verkieselten Zellwand. Einzeln oder koloniebildend. Reservestoffe: Chrysolaminarin und Öl . . . . **Bacillariophyceae**

10b Zellen mit Geißeln 11

11a Algen meist einzellig, mit 2 in verschiedenen Ebenen (Längs- und Querfurche) angeordneten Geißeln. Zellwand z. T. aus skulpturierten polygonalen Platten gebildet. Reservestoffe: Stärke und Öl. Zahlreiche farblose Gattungen! . . . . **Dinophyceae**

11b Algen einzellig, koloniebildend oder selten auch fadenförmig. Mit 1 oder 2 Geißeln, bisweilen mit geißelartigem Haptonema. Zellen häufig in Gehäusen oder mit endogen gebildeten verkieselten Cysten. Reservestoffe: Chrysolaminarin und/oder Öl . . . . **Chrysophyceae**

12a Algen mit violetten oder grau-grünen, bisweilen blaugrünen oder leuchtend roten Pigmenten. Einzellig, fadenförmig oder komplizierte makroskopische Thalli bildend. Reservestoffe: Florideenstärke, die durch Jod rötlich gefärbt wird . . . . **Rhodophyceae**

12b Algen mit grünen, blauen, bräunlichen oder auch roten akzessorischen Pigmenten, meist einzellig und mit zwei verschieden langen Geißeln, die subapikal in einem Schlund (oder Furche) entspringen. Reservestoffe: Cryptophyceenstärke und Öle. Jodtest auf Stärke oft positiv . . . . . . **Cryptophyceae**

(Heynig, H., und Gerloff, J.)

I. Allgemeiner Teil

1. Abgrenzung der Vaucheriales

In der Süßwasserflora werden die Vaucheriales als monotypisch, mit einer Familie, Vaucheriaceae, aufgefaßt, die ebenfalls monotypisch nur eine Gattung, *Vaucheria*, enthält. So umgrenzt bilden die Vertreter der Ordnung eine durch siphonale, coenoblastische Organisationsstufe, Öl als Assimilationsprodukt und sexuelle Fortpflanzung durch Oogamie gut charakterisierte, in sich einheitliche Gruppe. Ihre Einordnung in das Gesamtsystem der Phycophyten jedoch ist problematisch. Lange Zeit fanden die Vaucheriaceen aufgrund der siphonalen Organisation ihrer Thalli und der Oogamie ihren Platz bei den siphonalen Grünalgen. Die Betonung der Bedeutung der Geißelausbildung und Pigmentzusammensetzung als Ordnungsprinzipien bedingte dann die Einordnung zusammen mit *Botrydium* als siphonale Xanthophyceen, als Heterosiphonales (Heterosiphonineae)(Pascher). Gelegentlich werden mit *Vaucheria* und *Botrydium* auch *Phyllosiphon, Phytophysa* und *Asterosiphon* dort als Botrydiales oder Vaucheriales zusammengefaßt (Fott, Bourrelly). Auch diese derzeit herrschende Eingruppierung von *Vaucheria* ist allerdings nicht widerspruchsfrei. Zwar stimmt ihre Pigmentausstattung (Chlorophyll *a* und *c* (bei Fehlen von *b*), β-Karotin und 3 Xanthophylle) soweit bekannt mit den Xanthophyceen überein. Die Begeißelung der beweglichen Stadien dagegen bietet kein einheitliches Bild. So sind die Spermatozoiden bei *Vaucheria* klar heterokont und heteromorph, ihre beiden seitlich inserierten und entgegengesetzt gerichteten Flagellen unterscheiden sich in Länge und Bau. Die kürzere Geißel ist nach vorn gewandt und zweizeilig beflimmert, während die längere Peitschengeißel nach rückwärts zeigt. (Bei den untersuchten Xanthophyceen ist umgekehrt die nach vorne wirkende Flimmergeißel die längere. Die Cilien der biflagellaten, zu Synzoosporen vereinigten, asexuellen Schwärmer sind jedoch heterokont isomorph, gering längenverschieden und einheitlich Peitschengeißeln mit der charakteristischen 9 + 2 Anordnung der Fibrillen (Greenwood, 1959). Nicht zu übersehen ist auch die Tatsache, daß eine sexuelle Fortpflanzung bei den Xanthophyceen bisher nicht eindeutig nachgewiesen ist, während *Vaucheria* Oogamie zeigt.

Nachdem so die Merkmale Geißelausbildung und Pigmentausstattung ein eindeutiges Bild nicht geben, erhoffte man eine Klärung durch Analyse der submikroskopischen Struktur. Doch auch die bisher vorliegenden elektronenoptischen Befunde unterstreichen vornehmlich die Sonderstellung der Gruppe. So stellte z. B. Moestrup 1970 eine «überraschende Ähnlichkeit» zwischen den Spermatozoiden von *Vaucheria* und *Fucus* fest, während «ein Vergleich zwischen *Vaucheria* und den Zoosporen von Vertretern der Xanthophyceae, soweit sie untersucht sind, überraschend wenig Ähnlichkeit ... aufwiesen. Ein dem von *Vaucheria* ähnliches Mikrotubulisystem wurde bisher bei den Xanthophyceen nicht gefunden (Hibberd unveröffentlicht, Massalski u. Leedale 1969) und ihre Beobachtungen bestätigen so die Vorstellung einer nahen taxonomischen Beziehung zwischen *Vaucheria* und Vertretern dieser Gruppe nicht». Die elektronenmikroskopische Untersuchung der Mitose wiederum zeigte, daß sie bei *Vaucheria* nach dem «geschlossenen Typ» abläuft, d.h. eine intakte Kernhülle ohne Fenster umschließt die zentrische Spindel. «*Vaucheria* ist die erste untersuchte Alge, die eine echt geschlossene intranukleare Teilung, ähnlich der bei den Phycomyceten *Catenaria* und *Blastocladiella* aufweist» (Ott u. Brown 1972). In der gleichen Richtung liegt der Befund einer ungewöhnlichen Gruppierung von Dictyosomen und Mitochondrien mit zwischenliegendem Endoplasmatischem Reticulum, wie sie bisher nur noch bei dem Phycomyceten *Saprolegnia* bekannt ist (Ott u. Brown 1974). Die Zellwandzusammensetzung andererseits erlaubt keine eindeutigen Schlüsse über Beziehungen zwischen *Vaucheria* und den Saprolegniaceae (Parker et al. 1963).

Nach Marchant 1972 scheint *Vaucheria* auch die einzige Algengruppe zu sein, die sowohl «eingebettete» als auch «vorspringende Pyrenoide» enthält.

Zusammenfassend läßt sich feststellen: Die Vaucherien bilden eine in sich einheitliche, geschlossene Gruppe von Organismen, deren Stellung innerhalb der Phycophyten derzeit isoliert erscheint und nicht eindeutig präzisiert werden kann. Aus Zweckmäßigkeitsgründen werden sie hier bei den Xanthophyceen behandelt, durch Einstufung als eigene, monotypische Ordnung jedoch ihre Sonderstellung betont.

Eine frühe Erwähnung und Benennung einer Art der Gattung findet sich als «*Byssus tenerrima viridis velutum*», auf feuchter Erde vorkommend bei Ray (Rajus) 1724 und bereits vor 250 Jahren, 1729 gibt der Florentiner Micheli (Taf. 89, Fig. 5) unter der Bezeichnung «*Byssus terrestris*» die hier reproduzierte Abbildung.

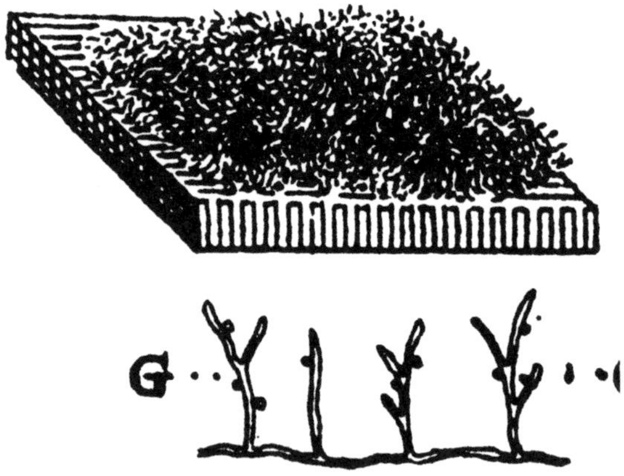

Fig. 1.

2. Der vegetative Thallus

Der vegetative Thallus von *Vaucheria* besteht aus einem Gewirr unregelmäßig verzweigter, unseptierter, zylindrischer, apikal abgerundeter grüner Schläuche, die zuweilen mittels farbloser, mehr oder minder stark gabelig verzweigter Rhizoide am Substrat verankert sind. Sie bilden in ihrer Gesamtheit einen vielkernigen, coenocytischen «siphonalen» Organismus. Inwieweit eine polyenergide, synzelluläre Struktur im strengen Sinne vorliegt ist fraglich. Von der Zuordnung eines bestimmten Plasmaareals zu jedem Kern kann (im Gegensatz zu den Verhältnissen bei der Synzoospore) hier nicht gesprochen werden, da die Kerne wandern und sich jeweils in Zonen erhöhter Aktivität angereichert finden. Die Fäden weisen ausschließlich Spitzenwachstum auf, bei fehlendem Streckungswachstum (Rieth 1969; Ott u. Brown 1974). In Normalausbildung ist ihr Durchmesser innerhalb gewisser Variabilitätsgrenzen arttypisch. Keimlinge und Regenerate aus Thallusstückchen beginnen ihr Wachstum in der Regel mit Fäden reduzierter Dicke und regulieren sich erst in einiger Entfernung von der Spore bzw. von der Regenerationsstelle auf die arttypische Stärke ein (Rieth 1969). Thallusdurchmesserwerte sollten daher zur Sicherung einer gleichen Bezugsbasis möglichst an sexualreifen Pflanzen im Bereich der Sexualorgane ermittelt werden.

Anatomisch lassen sich an den Fäden drei Zonen unterscheiden (Fig. 1):

1. Die kurze apikale Wachstumsregion (AZ)
2. Eine subapikale Zone unterschiedlicher Länge (SAZ) und
3. Der den ganzen übrigen vegetativen Faden umfassende vakuolenführende Bereich (VZ).

Die Apikalzone, in der das aktive Längenwachstum erfolgt, läßt lichtmikroskopisch lediglich lebhaft bewegte Partikelchen erkennen. Elektronenmikroskopisch[1] zeigen sich zahlreiche, fibrilläres Material enthaltende Vesikel (V), die eine Rolle bei der Wandbildung spielen dürften, dazwischen viele Dictyosomen (Di) kombiniert mit Elementen des Endoplasmatischen Reticulums (ER) und Mitochondrien (Mit). Kerne sowie Chloroplasten fehlen in diesem Bereich.

In der Subapikalregion (SAZ) findet man zahlreiche Chloroplasten (Chl), die lebhaft Fetttröpfchen (F) produzieren, und Zellkerne, Ribosomen, granuläres Endoplasmatisches Reticulum (ER + Rib), das z.T. mit den Dictyosomen-Mitochondrienkomplexen Verbindung hat. Die Zahl der Vesikel ist gegenüber der Apikalzone vermindert.

Die eine zentrale Vakuole führende Zone (VZ) ist durch einen den ganzen Faden, mit Ausnahme von Apikal- und Subapikalbereich, durchziehenden Saftraum charakterisiert und klar gegen die Subapikalzone abgrenzbar. Die Vakuole enthält Fetttröpfchen (F), degenerierte Chloroplasten (dChl) und Kristalle (Krist). In dem sie umgebenden Cytoplasmaschlauch liegen Kerne mit Mikrotubulibündeln, Chloroplasten, Mitochondrien und Dictyo-

---

[1] Die Darstellung der submikroskopischen Struktur folgt im wesentlichen den Befunden von Ott u. Brown 1974.

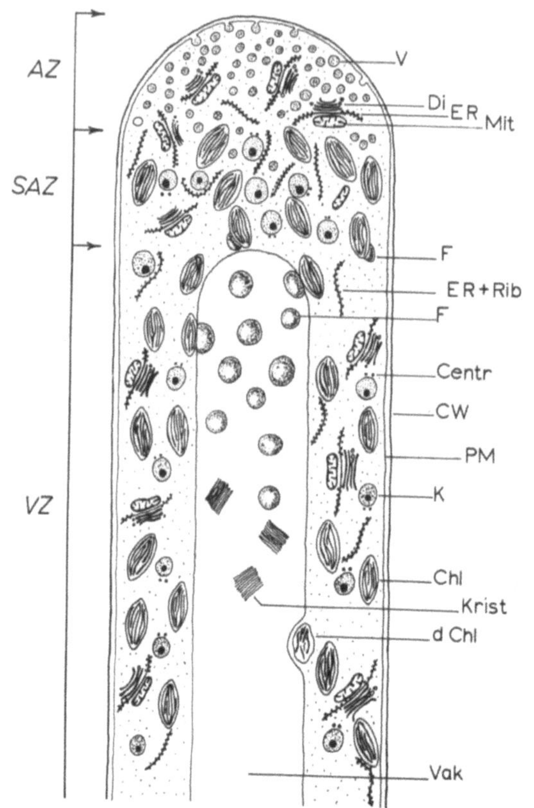

Fig. 1a. Submikroskopischer Bau des Thallusfadenendes von *Vaucheria* (Schema, verändert n. Ott and Brown 1974). AZ Apikale Wachstumszone, V Vesikel, Di Dictyosomen, ER Endoplasmatisches Reticulum, Mit Mitochondrien, Rib Ribosomen. SAZ Subapikale Zone, K Kerne, Centr Zentriolen, F Fetttropfen. VZ Vakuolen führende Zone, Chl Chloroplasten, dChl degenerierte Chloroplasten, Krist Kristalle.

somen, die in Beziehung zu Mikrofilamenten stehen, sowie Endoplasmatisches Retikulum.

Bei Lebendbeobachtung zeigt das Cytoplasma des vakuolenführenden Bereichs der vegetativen Fäden eine parallel der Fadenlängsachse verlaufende Plasmaströmung, an der zwei unabhängige Systeme beteiligt sind. Das eine betrifft die Wanderung der Kerne in Verbindung mit Bündeln von Mikrotubuli. Zweifellos spielt die Translozierung der Kerne nach Orten erhöhter Zellaktivität, wie Wachstum und Bildung von Fortpflanzungs- und Vermehrungsorganen, eine wichtige Rolle. Das zweite System umfaßt ein fixierungslabiles, verschlungenes Netzwerk anastomosierender Stränge von Mikrofilamenten, die als Führungsbahnen für die Wanderung von Mitochondrien – Dictyosomenkomplexen dienen mögen. Die so auffällige Chloroplastenbewegung soll unabhängig von diesen beiden Systemen erfolgen. Die geschilderten Ergebnisse der Lebendbeobachtung beruhen auf der Verwendung besonderer lichtmikroskopischer Technik, wie Phasenkontrast- und Nomarskiinterferenzoptik.

Die Chloroplasten sind klein, scheibchenartig, etwas formvariabel rundlich oval oder spindelförmig. Lange Zeit galten sie bei den Vaucheriaceen, die ja keine Stärkebildung zeigen, als pyrenoidlos. Inzwischen wurden Pyrenoide jedoch in den spindelförmigen Plastiden einer Reihe – vorwiegend halophiler – Arten nachgewiesen: *V. sphaerospora; V. spec.* (Dangeard 1937; Descomps 1963); *V. thuretii; V. piloboloides, V. litorea* (Dangeard 1939); *V. medusa* (Christensen 1952); *V. woroniniana* (Marchant 1972). Die Angabe über das Vorkommen von Stärke in *V. geminata* und *V. hamata* bei Kultur unter Dauerlicht (Tiffany 1924, S. 93) ist bisher nicht bestätigt worden.

Die Zellwand besteht zu fast 90 % aus Zellulose, wobei die Mikrofibrillen im allgemeinen zufallsgemäß in einem zur Fadenoberfläche parallelen Mantel angeordnet sind. In der Apikalzone finden sich in das Gewirr eingestreut auch Zentren, von denen Fibrillen radial ausstrahlen (Ott u. Brown 1974). Neben Zellulose wurden Glukose und in geringen Mengen Pentosen (Ribose, Xylose, Arabinose) als am Aufbau der Zellwand beteiligt festgestellt (Parker et al. 1963).

Die Bildung innerer Wände, von Querwänden, ist auf die Abgrenzung von Reproduktionskörperbehältern (Sporangien, Gametangien), Brutkeulen und die Separierung alter, geschädigter, oder Parasiten befallener Thallusbezirke beschränkt. Gelegentlich umwanden sich auch bei Verletzung ausgetretene nackte, kernhaltige Cytoplasmateile neu.

Für manche kalkhaltige Gewässer bewohnende Vaucherienarten werden «kalkinkrustierte» Wände angegeben. Tatsächlich handelt es sich bei der beobachteten Kalkablagerung nicht um eine «Inkrustierung» im strengen Sinne, sondern um die Abscheidung von Calziumkarbonatkristallen außen auf die Wand. Das im Wasser gelöste primäre Calziumkarbonat wird durch den im Zuge der Photosynthese erfolgenden Kohlensäureentzug in schwer lösliches sekundäres Karbonat umgewandelt, das die Thallusschläuche dann als röhrenförmige Panzer umgibt. Vertreter der Gattung *Vaucheria* (z. B. *V. geminata, V. debaryana, V. woroniniana*) sind durch diesen Prozeß mancherorts [Paterzell b/Weilheim, Oberbayern (Wallner 1934); Pennickental b/Jena (Kolkwitz u. Kolbe 1923)] stark an der Kalksedimentation, an der Bildung von Kalktuffen beteiligt. Eine echte Inkrustation dürfte dagegen die beobachtete Eiseneinlagerung in die Oosporenwand von *V. erythrospora* darstellen (Rieth 1956).

Die Rhizoide stellen chlorophyllarme, farblose, mehr oder minder stark gabelig verzweigte und meist auch durchmesserreduzierte Thallusauswüchse dar, die eine Verankerung der Pflanzen am Substrat ermöglichen. Während die Stellung dieser Strukturen bei manchen Spezies regellos erscheint, findet sich bei anderen eine gewisse Gesetzmäßigkeit der Anordnung. So

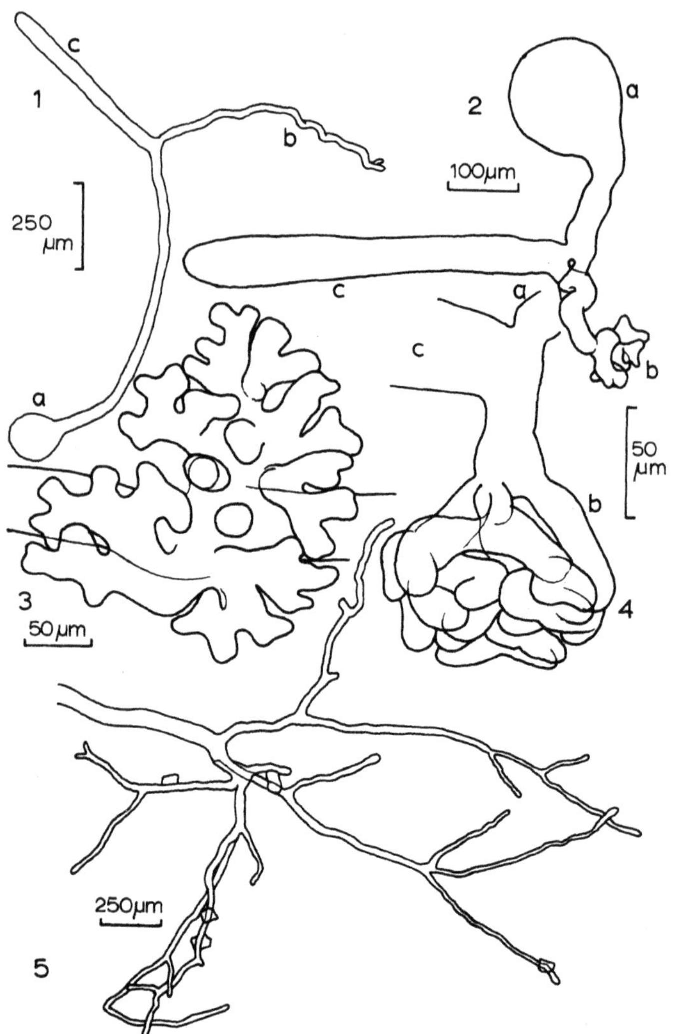

Fig. 2. Rhizoidbildung.
1–4 Haft- oder Krallenrhizoid. 1 u. 2 Keimling von *V. ornithocephala* (Synzoospore), a Spore, b Rhizoid, c Thallusinitiale als Seitenast am zuerst entstandenen, mit dem Rhizoid endenden Keimschlauch. 3 u. 4 Haftkrallen des Rhizoids von unten und von der Seite gesehen.
5 Faserrhizoid. (Original).

endet z. B. der Keimschlauch von Synzoosporen bei *V. ornithocephala* mit einem aus gabelig verzweigten Trieben bestehenden, koralloiden Haftorgan, mit dem sich der Keimling am Substrat festheftet. Aus einem Seitenast des verankerten Keimlings entsteht dann der Thallus der neuen Pflanze (Fig. 2). Bei den auf Schlamm lebenden Pflänzchen der aus Indien und Japan bekannten halophilen *V. mayyanadensis* dagegen kommt es zur klaren Differenzierung in einen farblosen subterranen, spärlich verzweigten Rhizoidteil und einen aufrechten, grünen, wenig verästelten oberirdischen Bereich, den man als Kaulom bezeichnen könnte. Der unterirdische Anteil ist etwa 3–10 mal länger als der atmophytische.

Nach Morphologie und Funktion lassen sich zwei Rhizoidtypen unterscheiden. Bei den relativ derben «Haftrhizoiden» von *V. ornithocephala* oder *V. sessilis*, bildet sich am Rhizoidende durch lebhafte gabelige Verzweigung eine Haftkrallenscheibe, mittels derer sich die Pflanze an festem Substrat anklammert. Im Unterschied dazu bestehen die «Faserrhizoide» aus langen, zarten, weniger verzweigten Schläuchen, die der Pflanze besonders in Schlamm und Schlick Halt verleihen. Inwieweit sie auch der Nährstoffaufnahme dienen wäre zu untersuchen. Der Annahme, daß Rhizoidbildung durch Kontaktreiz ausgelöst werde, stehen die Fälle mit gesetzmäßiger Anordnung dieser Strukturen entgegen.

3. Lebenszyklus (Ontogenie)

3.1. Lebensdauer

Die Thalli von Vaucherien, die, soweit sie sich aus einzelnen Sporen oder Einzelfäden entwickelten, als Einzelpflanzen aufgefaßt werden können, dürften unter günstigen Bedingungen ein relativ hohes Alter erreichen (Klonkulturen halten wir seit 15 Jahren – Rieth 1976). Allerdings beziehen sich die darüber vorliegenden Beobachtungen auf die Pflanze als Individuum, das sich bei *Vaucheria* durch Wachstum an den Spitzen stets erneuert, während die jeweils ältesten Teile absterben und durch Querwände abgetrennt werden. Angaben über die Lebensspanne eines bestimmten Bereiches, wie sie durch Markierungsversuche zu gewinnen wären, oder über die Dauer der Funktionsfähigkeit von Organellen fehlen.

3.2 **Lebenskreis** (Schema Fig. 3)

Die Ontogenie von *Vaucheria* umschließt, miteinander verflochten, zwei Reproduktionstypen: es kommt sowohl vegetative Vermehrung als auch sexuelle Fortpflanzung vor.

Die **vegetative Vermehrung** erfolgt durch Ausbildung besonderer, vielker-

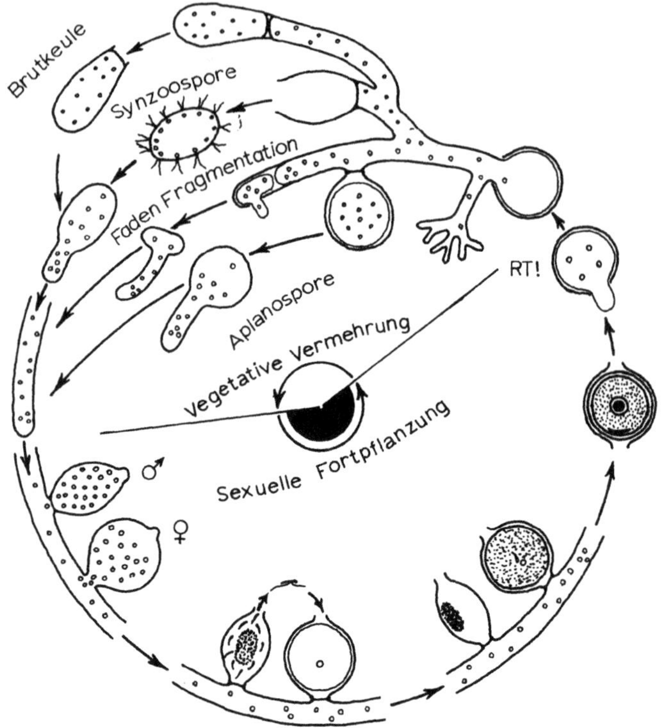

Fig. 3. Entwicklungszyklus von *Vaucheria* (Original).

niger Sporen in Sporangien, und zwar eigenbeweglicher Planosporen (Schwärmsporen) und unbeweglicher Aplanosporen, sowie durch Brutkeulen. Gelegentlich kann auch Fragmentation des Thallusinhaltes und Auskeimen der Teilstücke beobachtet werden. Die darüberhinaus oft behauptete Existenz vegetativ entstehender Dauerformen, Akineten oder Sporocysten, ist, zumindest in der Mehrzahl der Fälle, fraglich, da Verwechselungen mit Stadien aus dem Lebenszyklus einer anderen heterosiphonalen Alge, *Asterosiphon*, vorliegen dürften. Recht eigenartig und in ihrer Natur z. Zt. unklar sind die von Gauthier-Lièvre 1952–54 zu Ende der Regenzeit in Nordafrika beobachteten Akinetenbildungen im Sexualorganbereich von *V. hamata*, *V. geminata* und *V. terrestris*. «In normal erscheinenden Fruchtästen» verlängern sich die Oogonstiele, rollen sich krummstabähnlich ein. Am freien, mit lichtbrechenden Reservestoffen und Chloroplasten gefüllten Ende grenzen sich ein, oft aber auch rosenkranzartig 4–5 derbwandige «Akineten» ab. Sie sind, wenn solitär, abgerundet, sonst mehr oder weniger polyedrisch zusammengepreßt in den normalerweise vom Oogon eingenommenen Raum hineingerollt, bei der Reife völlig farblos. Ihr weiteres Schicksal bis auf ein frühes, noch farbloses Keimungsstadium, das nicht vaucheriaartig anmutet, ist unbekannt. Neue sorgfältige Beobachtungen über Akinetenbildung und deren Schicksal wären daher sehr erwünscht. Ich selbst bekam diese Vorgänge in einem Zeitraum von über 25 Jahren nie zu sehen.

Die **sexuelle Fortpflanzung** erfolgt durch Oogamie. Es bilden sich Spermangien, üblicherweise als Antheridien bezeichnet, und Ooangien (Oogonien) mit anschließender Befruchtung des im Oogon enthaltenen Eies durch ein Spermatozoid, einen der im Spermangium entstandenen männlichen Planogameten. Nur bei *V. hercyniana* dürfte der wohl ursprüngliche Typ einer Kopulation des freigesetzten Eies außerhalb des Oogons erhalten sein. Das Ei wird dann mit oder ohne Einbeziehung der Oogonwand zur als Dauerform fungierenden, meist derbwandigen Zygote, deren in der Regel nach einer Ruhezeit erfolgende Keimung die neue Pflanze liefert. Im allgemeinen herrscht Monözie vor, Antheridien und Oogonien finden sich in unterschiedlicher Gruppierung auf demselben Thallus. Daneben kommt aber, namentlich bei halophilen Arten, Diözie vor, mit streng weiblich und streng männlich determinierten Thalli. Bei einigen (wenigen?) Arten dürften sowohl monözische als auch diözische Stämme existieren. An Klonkulturen eindeutig nachgewiesen ist dies bislang nur für *V. dichotoma*. Bei dieser Art wurden erfolgreich fertile Kreuzungen zwischen ♂ und ♀ Stämmen, sowie

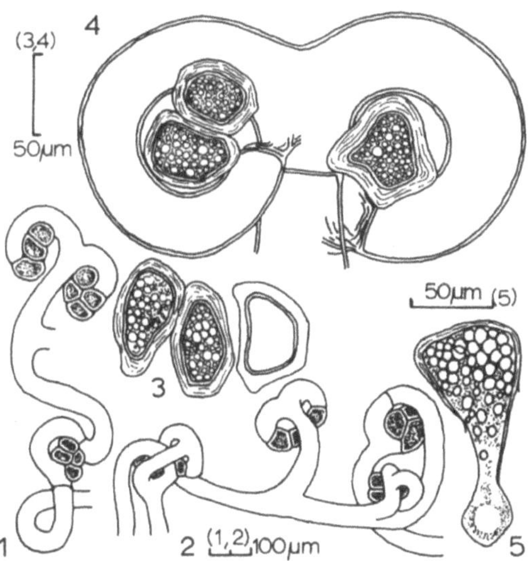

Fig. 4. Akinetenbildung bei *V. hamata* (umgezeichnet n. Gauthier-Lièvre 1954).

zwischen ♀ und ⚥ Stämmen durchgeführt (Rieth 1961; 1978 c). Über spontane Artbastardierungen liegen Angaben nicht vor, obgleich in der Natur nicht selten mehrere Arten in Mischrassen eng beisammen leben.

Soweit derzeit bekannt ist, sind die Vaucherien Haplonten, nur die Zygote selbst ist diploid, bei der Keimung dürfte die Meiose, die Reduktionsteilung erfolgen, obgleich dies nicht mit völliger Sicherheit erwiesen ist.

Die vegetativen Vermehrungskörper, Synzoosporen und Aplanosporen, entstehen, oft durch Proliferation der Sporangien mehrere sukzessiv, nacheinander an Thallusfadenenden, die zunächst mehr oder minder stark keulig anschwellen und, durch Anhäufung von Reservestoffen und Chloroplasten, eine auffallende, tiefdunkelgrüne Färbung annehmen und dann durch eine Querwand gegen den Thallus abgegrenzt werden. Zoosporangien finden sich meist an Haupttrieben, während Aplanosporangien bevorzugt an seitenständigen Kurztrieben erscheinen.

Synplanosporen (Synzoosporen, Schwärmsporen). Sie wurden vor fast genau 200 Jahren, 1781 von Johann Friedrich Blumenbach an *Conferva fontinalis* L. (*Vaucheria ornithocephala* C.A. Agardh) entdeckt und spielten in der Folge, besonders als ihr aktives Ausschlüpfen aus dem Sporangium und ihre Eigenbeweglichkeit beobachtet waren (Trentepohl 1807; Unger 1827, 1843), eine Rolle in philosophischen Spekulationen (Unger 1843: Die Pflanze im Momente der Thierwerdung). Zu dieser wissenschaftsgeschichtlich interessanten Rolle siehe z.B. Dittrich 1955. Die relativ großen, rundum begeißelten, vielkernigen, etwa rotationsovalen, eine gewisse Polarität aufweisenden Gebilde werden auf auslösende Reize hin, z.B. beim Überführen von Thalli aus strömendem in stehendes Wasser, oft massenhaft entwickelt. Sie schlüpfen etwas amöboid aus einer apikalen Öffnung des Sporangiums. Ihre Freisetzung zeigt eine klare endogene, lichtgesteuerte Rhythmik (Rieth 1959). Nach kurzer aktiver Schwärmzeit verlieren sie die paarweise über die ganze Oberfläche angeordneten heterokonten isomorphen, die charakteristische 9 + 2 Anordnung der Fibrillen zeigenden Cilien, sammeln sich, zumindest in Kulturen, oft im Neuston, bilden eine Zellwand und keimen sofort, ohne Ruhezeit, entweder nur an einem oder aber an beiden Polen zu neuen Thalli aus.

Brutkeulen. Ihre Entstehung hängt augenscheinlich eng mit der Bildung von Synplanosporen zusammen, sie sind wohl das Ergebnis einer gehemmten Schwärmerbildung. Besonders bei *V. sessilis* ist bei sporulierenden Thalli oft zu beobachten, daß dunkelgrüne, keulig angeschwollene, durch eine Wand abgegrenzte Fadenenden nicht zu Sporangien werden, aus denen Synplanosporen schlüpfen, sondern, daß die Keulen als Ganzes abfallen und sofort mit einem oder mehreren Fäden zu neuen Thalli auskeimen. Bemerkenswerterweise zeigt der Brutkeulen bildende Trieb sympodiales Wachstum. Er setzt mit einem dicht bei der Trennwand zur Brutkeule entspringenden Seitenast seine Entwicklung fort. Bei der Schwärmer- oder Aplanosporenbildung dagegen wächst der Faden monopodial, durch das entleerte Sporangium hindurch, weiter (Fig. 5). Aplanomitosporen (Aplanosporen) entstehen ebenfalls an Triebenden in kugeligen oder keulenförmigen Sporangien. Sie sind vielkernig und umwanden sich bereits im Sporangium. Cilien fehlen, trotzdem ist die Ähnlichkeit zu Synplanosporen unverkennbar.

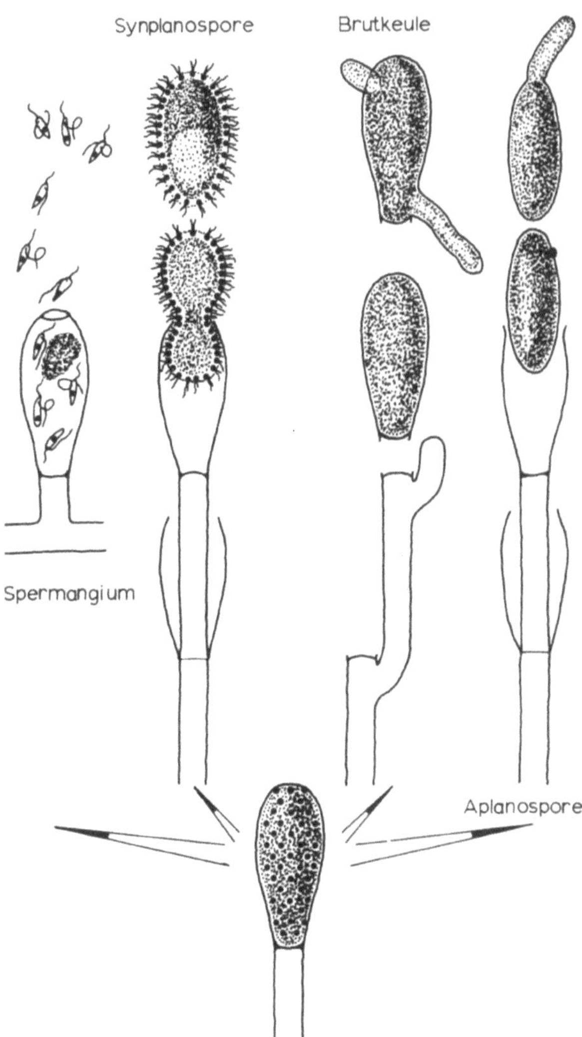

Fig. 5. Spermangium, Synzoosporen-, Brutkeulen- und Aplanosporenbildung bei *Vaucheria* (Original).

Man kann auch hier an in ihrer Entwicklung «steckengebliebene» Schwärmer denken. Ultrastrukturuntersuchungen, die Hinweise für eine solche Deutung liefern könnten, liegen für Aplanosporen nicht vor. Auch diese unbeweglichen Sporen keimen in der Regel ohne längere Ruhezeit zu neuen Fäden aus, stellen also keine typischen «Dauersporen» dar.

Die Definition und entsprechend die Verwendung der Begriffe Aplanospore, Autospore, Akinete, Sporocyste wird in der Literatur von verschiedenen Autoren unterschiedlich gehandhabt. Wir verwenden folgende Bezeichnungen:

Aplanospore: im Sinne von Aplano-Mitospore, unbeweglich, in Sporangium gebildet.

Akinete: Vegetative Zellen (oder Fadenabschnitte), die Reservestoffe speichern und nach Umwandlung ihrer Wände in derbe Hüllen als Dauerform ungünstige Bedingungen überstehen können. Keimung erst nach einer Ruhezeit.

Sporocyste: Derb umwandete, mehrkernige Thallusportionen, innerhalb des Thallus gebildet und als Dauerform fungierend.

Die Organe der sexuellen Fortpflanzung bei *Vaucheria* gehen generell aus mehr oder minder modifizierten Haupt- oder Seitenastspitzen hervor.

Die Spermangien (Antheridien). Sie bilden sich in der Regel aus dem Ende am Tragfaden seitenständiger Kurztriebe oder bisexueller Fruchttriebe, seltener werden sie apikal an Langtrieben entwickelt. Die Grundform des männlichen Gametangiums ist danach die eines, durch eine Querwand vom übrigen Thallus getrennten Fadenendstückes mit zahlreichen Kernen und stark reduzierter Chromatophorenzahl, das apikal zur Entlassung der Spermatozoiden eine Öffnung erhält. Die ganze innerhalb der Gattung zu findende Formenmannigfaltigkeit des männlichen Organs läßt sich aus einem Grundtyp, aus einer zylindrischen, einseitig offenen Röhre durch wenige Gestaltungsprozesse und ihrer Kombination ableiten. Es sind dies (Fig. 6, leicht schematisiert):

Verlängerung und Porenvermehrung (Fig. 6: 2);

Krümmung (Fig. 6: 10–12);

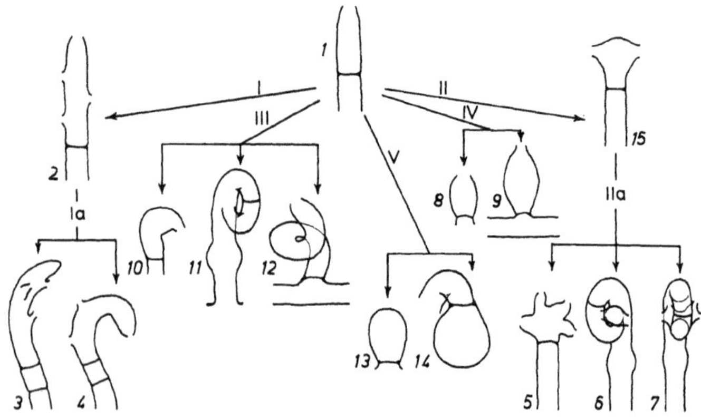

Fig. 6. Ableitung der Antheridienformen (Original).

Radiärsymmetrische Aufbauchung (Fig. 6: 8 u. 9);

Radiärsymmetrische Aufbauchung und Verlust einer distinkt begrenzten Öffnung (Fig. 6: 13 u. 14);

Apikale, hammerkopf- oder kissenartige Anschwellung mit Porenvermehrung (Fig. 6: 5 u. 15);

Apikale, hammerkopfartige Anschwellung, Porenvermehrung und Einkrümmung (Fig. 6: 6 u. 7), sowie

Porenvermehrung und Krümmung (Fig. 6: 3 u. 4).

Die Sektionsgliederung der Gattung *Vaucheria* beruht derzeit auf der Form und Stellung der Antheridien. Die Abbildung 7 gibt leicht schematisiert, eine Übersicht der für die einzelnen Sektionen charakteristischen Gametangiengestaltung. Was ihre Stellung am Thallus betrifft, können sie ungestielt oder nur andeutungsweise gestielt einem Tragfaden direkt ansitzen,

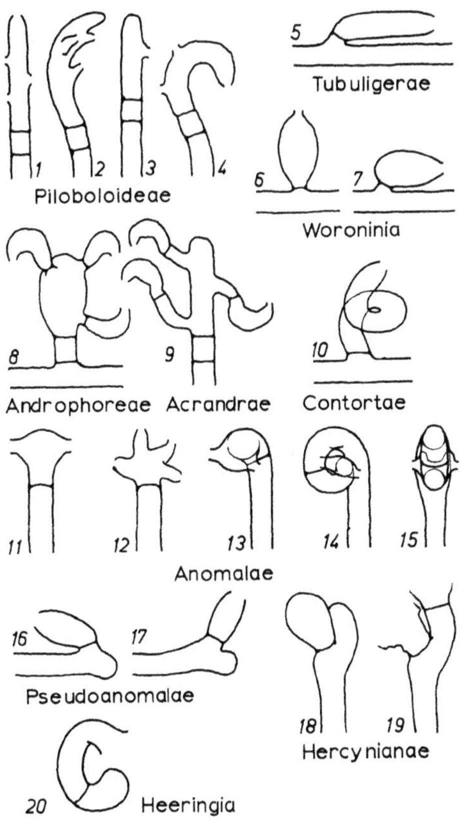

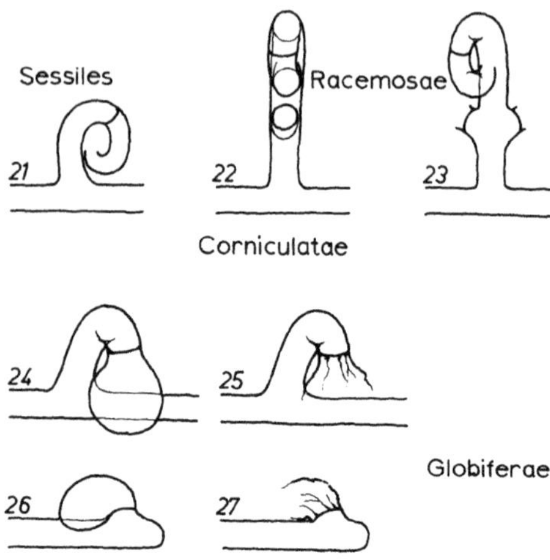

Fig. 7. Antheridientypen der verschiedenen Sektionen der Gattung *Vaucheria* (Original).

durch einen Leerraum, eine «Begrenzungszelle»[1] vom Thallus abgesetzt sein, oder auch mehr oder minder gestielt einem besonderen haupt- oder seitenastständigen Androphor (Fig. 7: 8 u. 9) entspringen. Interkalar jedoch scheinen Antheridien nur ganz ausnahmsweise zu stehen (bei *V. coronata* sind solche Bildungen – jedoch nicht als Normalfall – beobachtet worden, Ott and Hommersand 1974). Bemerkenswert ist die Tatsache, daß bei monözischen Arten mit gesetzmäßiger Lagebeziehung von Antheridien und Oogonien in der Regel zunächst die ♂ angelegt werden, dann erst die ♀ erscheinen. Die Spermatozoiden (Androgameten), langgestreckte, einkernige, soweit bekannt chloroplasten- und augenflecklose, heterokont, heteromorph zweigeißelige kleine Zellen, werden sehr zahlreich in den Spermangien gebildet. Wie die elektronenoptische Untersuchung zeigte (Ott and Brown 1974) werden dabei zunächst in der Apikalregion von Seiten- oder Hauptfäden zytoplasmatische Organellen angereichert, dann erfolgt von dem jedem Kern assoziierten Zentriolenpaar aus die Anlage innerer Geißeln. Durch Verschmelzung der, das jedem Kern zugehörende Flagellenpaar enthaltenden, Vesikel, entstehen größere innere «Geisselreservoire» umgeben von Kernen. Anschließend vollzieht sich die Individualisierung des

[1] Der Ausdruck «Begrenzungszelle» ist eingebürgert, obgleich es korrekter wäre von einem «Begrenzungs-» oder «Leerraum» zu sprechen. Sie stellt nämlich keine «Zelle» im biologischen Sinne des Wortes dar, sondern kommt dadurch zustande, daß sich das Plasma aus einer bestimmten Thalluszone nach beiden Seiten hin zurückzieht und durch je eine Wand abgrenzt, wobei zwischen den beiden Wänden ein leerer Raum übrig bleibt.

Gametangieninhaltes in zahlreiche kleine Spermien, die sich in einer wandnahen Zone sammeln, während zentral oft ein degenerierende Chloroplasten enthaltender «Restkörper» verbleibt. Bereits im Antheridium werden die Spermatozoiden beweglich (das Schlagen der Geißeln in den Vesikeln wurde sogar bereits vor Ausbildung der Wand, die das Antheridium abtrennt beobachtet) und entweder durch klar umgrenzte Öffnungen, oder nach diffuser Auflösung der Gametangienwand, freigesetzt.

Es ist interessant, daß die Bildung der Synzoosporen bis zum Stadium der Individualisierung der Kern-Geißel-Komplexe in gleicher Weise abläuft. Auch im Planosporangium wird eine Aufspaltung in einkernige, zweigeißelige Planosporen noch eingeleitet, bleibt aber auf frühem Stadium stecken. Statt dessen wandern die Kern-Geißel-Komplexe zur Oberfläche und ordnen sich dort in einer einfachen Schicht an. Die Elektronenmikroskopie konnte so nach fast 100 Jahren die Auffassung von Schmitz 1879 bestätigen: «Die einzelne Zoospore von *Vaucheria* entspricht somit einem hohlkugeligen Verbande zahlreicher Zoosporen anderer grüner Algen.»

Die Oogonien (Ooangien) entstehen als modifizierte seitenständige Kurztriebe an Haupt- und Nebenfäden oder an mit einem Antheridium endenden bisexuellen «Fruchtästen», selten endständig an Langtrieben. Durch Zufuhr von Zellorganellen, Kernen, Chloroplasten und Reservestoffen schwillt der zur Gametangienanlage werdende Trieb mehr oder weniger kugelig bis keulenförmig an, grenzt sich dann durch eine Querwand gegen den Tragfaden oder Stiel ab. Der Inhalt wird zum einkernigen Ei, wobei noch umstritten ist, ob die Reduzierung der Kernzahl durch Rückwanderung der überzähligen Nuklei in den Thallus («Wanderplasma» Oltmanns 1895) vor der Trennwandbildung, oder durch Degeneration im abgetrennten Oogon erfolgt. Elektronenoptische Befunde an *V. sessilis* und *V. pachyderma* sprechen für eine Rückwanderung. Möglicherweise verhalten sich die Arten in dieser Hinsicht auch nicht einheitlich. Nach der Bildung des das Gametangium ganz oder nur teilweise ausfüllenden Eies entsteht, in der Regel durch Vergallertung einer in der Oogonienwand, meist apikal vorgebildeten Papille ein Loch, eine Befruchtungsöffnung, durch die Spermien zum Ei gelangen können. Nur bei drei Arten ist bisher das Vorkommen mehrerer solcher Öffnungen bekannt *(V. coronata; V. birostris; V. lii* var. *bipora)*. Bei einer Art *(V. hercyniana)* dürfte das Ei außerhalb des Oogons befruchtet werden. Zuweilen liegt die Befruchtungsöffnung auf einem röhren- oder kegelartig, gerade oder gekrümmt vorgezogenen Oogonvorsprung, der vom Ei nicht erfüllt wird. Man spricht dann von «geschnabelten» Oogonien. Bei manchen Arten wird zur Eibildung nicht der gesamte Gametangieninhalt verbraucht. So kommt es bei *V. sessilis* zur Ausstoßung von Plasma durch die Befruchtungsöffnung, während sich in den Ooangien von *V. litorea* und *V. glomerata* basal des Eies ein «Restkörper» findet. Die Bedeutung dieser Abscheidungsprozesse ist nicht bekannt.

Im Gegensatz zu der Formenmannigfaltigkeit der Spermangien ist die Morphologie der Oogonien relativ einförmig, beherrscht von zwei Grundtypen: Rotationssymmetrische, kugelige, keulige bis vasenartige Bildungen (Fig. 8: 1–5;14;18) und bilateralsymmetrische, vogelkopfähnliche Formen (Fig. 8: 7–13;15–17;19;20). Als «Längsachse» bezeichnen wir im folgenden

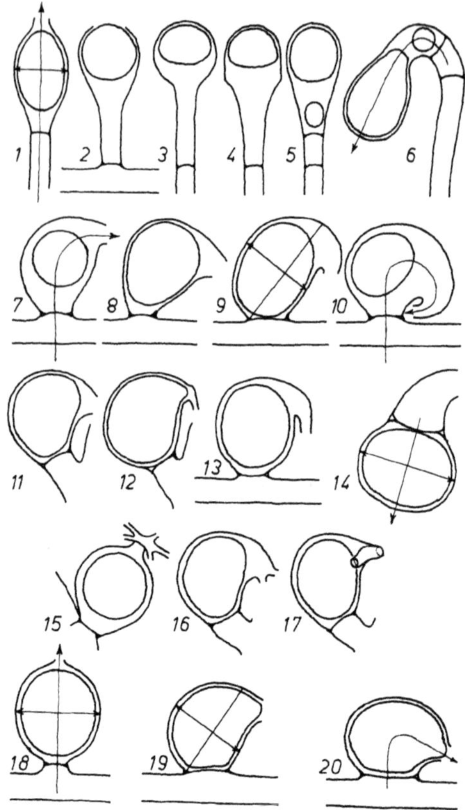

Fig. 8. Oogontypen bei *Vaucheria*.
1–5, 14, 15 u. 18 Formen mit gerader Längsachse; 6–13, 16 17, 19, 20 Formen mit gekrümmter Längsachse. Ein Vergleich von 9 und 10, oder 19 mit 20 zeigt den Unterschied zwischen «Länge der Längsaches» und «Größter Längenerstreckung». 1 *V. minuta*, 2 *V. compacta*, 3 *V. piloboloides*, 4 *V. bermudensis*, 5 *V. glomerata*, 6 *V. litorea*, 7 und 10 *V. aversa*, 8 *V. ornithocephala*, 9 *V. synandra*, 11 *V. pseudogeminata*, 12 *V. alaskana*, 13 *V. nasuta*, 14 *V. arrhyncha*, 15 *V. coronata*, 16 *V. lii* var. *bipora*, 17 *V. birostris*, 18 *V. dichotoma*, 19 *V. sessilis*, 20 *V. pachyderma*. Leicht schematisiert (Original).

eine den Symmetrieebenen gemeinsame (bei den rotationssymmetrischen Formen) oder in der Symmetrieebene liegende (bei bilateralsymmetrischen Formen) von der Mitte der basalen Querwand zur Mitte der Befruchtungsöffnung verlaufende Linie, die entsprechend der Oogonform gerade oder gekrümmt sein kann (Fig. 8: 1; 6; 7; 10; 18; 20). Beim rotationssymmetrischen Typ ist die «Oogonlänge» der auf der Längsachse gemessene Abstand von Basisquerwand zur Befruchtungsöffnung. Bei den Vertretern des bilateralsymmetrischen Typs ist diese Strecke jedoch gekrümmt und ihre Ausmessung in der Praxis schwierig. Wir bezeichnen daher hier als «Länge» die in der Symmetrieebene gemessene größte Erstreckung des Oogons (Fig. 8: 9;19). Der «Durchmesser» des Gametangiums dagegen ist beim rotationssymmetrischen Typ gegeben durch den zweifachen Wert des auf der Längsachse senkrechten größten Radius (Fig. 8: 1;14;18). Auf Grund der verschiedengradigen Krümmung kann eine allgemein gültige strenge Definition beim bilateralsymmetrischen Typ nicht gegeben werden. Für die Masse der Fälle läßt sich jedoch sagen: der Durchmesser ist die Ausdehnung von Wand zu Wand einer in der Symmetrieebene, senkrecht durch die Mitte der größten Längenerstreckung (Oogonlänge) gelegten Strecke.

Die Zygote (Oospore, Oozyste, Gamozyste) entsteht nach der Vereinigung des Eies mit einem Spermium. Im Zuge ihres Reifeprozesses umgibt sie sich mit einer mehr oder minder derben, mehrschichtigen Wand, wird zur Dauerform. Bei manchen Arten bleibt die Oospore vom Oogon als einer zusätzlichen Hülle umgeben, bei anderen wird sie aus dem Gametangium frei. Meist geht mit der Reife ein Verlust der grünen Farbe, eine Entfärbung und die Bildung von roten, braunen oder schwarzen Pigmentflecken unterschiedlicher Verteilung parallel. Als Ausnahmen seien die Oozysten von *V. intermedia, V. arrhyncha, V. medusa* und *V. compacta* genannt, die intensiv grün bis blaugrün und relativ dünnwandig bleiben. Eine sorgfältige Analyse des Wandaufbaues der Zygoten liegt nur für wenige Arten vor. Dabei ergab sich, daß die Oogonwand meist glatt ist, nur bei *V. pachyderma* und bei *V. borealis* fand sich eine Ornamentierung durch mäanderartig wirkende, grubige Vertiefungen (Rieth 1956; 1962 a). Sarma u. Chapman 1975 bestätigten die Ornamentierung bei *V. pachyderma* durch eindrucksvolle rasterelektronische Aufnahmen. Bei *V. prolifera* var. *reticulospora* Rieth 1978 a, ist die äußere Zygotenwand foveat reticulat gestaltet. Die Angaben über die Anzahl der bei einzelnen Arten die Wand der reifen Zygote aufbauenden Schichten schwankt – soweit solche überhaupt vorliegen – in der Literatur. Eindeutige Befunde sind nur an günstig gelegenen Rißstellen in gequetschtem Material und besonders an Querschnitten, meist unter Zuhilfenahme von Färbungen, Phasenkontrast- und Polarisationsoptik zu erhalten. Eine Präparationstechnik, die sich besonders auch zum Nachweis der in der Wand vorgebildeten Keimstellen eignet, besteht in der Behandlung mit alkoholischer Kalilauge und anschließender Färbung mit Laktophenolbaumwollblau.[1]

---

[1] Frische oosporentragende Pflanzen werden solange in eine gesättigte Lösung von Kaliumhydroxydplätzchen in 70 %igem Alkohol verbracht, bis der Thallusinhalt herausgelöst ist. Nach gründlichem Auswaschen in 50 %igem Alkohol und Aqua dest. überführen in Laktophenolbaumwollblau folgender Zusammensetzung:

Phenol krist.	20 g	
Milchsäure (spez. Gew. 1,21)	20 g	Bei spärlichen Algenproben kann das
Glyzerin (spez. Gew. 1,25)	40 g	ganze Verfahren auch auf einem Ob-
Aqua dest.	20 g	jektträger unter dem Deckglas durchge-
Baumwollblau	1 g	führt werden.

Im Grundaufbau dürfte die Zygotenwand nach unseren Befunden in der Regel aus drei Schichten bestehen. Die bei manchen Arten (z. B. *V. pachyderma*, *V. terrestris*) zu beobachtende Mehrschichtigkeit beruht wohl auf einer weitgehenden (bis etwa 8-fachen) Lamellierung der äußeren oder mittleren dieser Wände. Außer der geschilderten Musterbildung auf der Oogonwand wurde eine besondere Ornamentierung der Oosporenwand selbst, und zwar der äußeren Schicht, bisher lediglich für wenige Arten angegeben. *V. pachyderma* und *V. borealis* zeigen eine feine Tüpfelung, *V. prolifera* var.

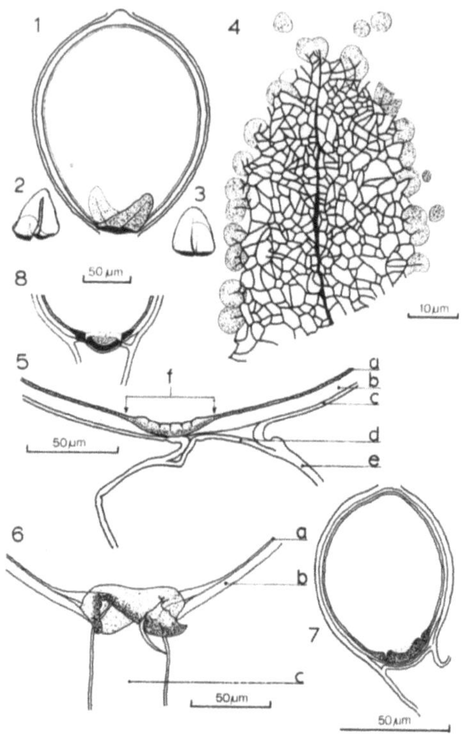

Fig. 9. Keimporusanlage bei *V. sescuplicaria* (1–3), *V. dichotoma* (4–6) und *V. debaryana* (7 und 8).
1. Oogon mit Oospore, Keimscheibe punktiert gezeichnet, 2 und 3. isolierte Keimscheiben, 4. Keimscheibe, Aufsicht von Innen (in Karminessigsäure präpariert, in Chlorzinkjod beobachtet, Phasenkontrast), 5. Keimscheibenregion im Querschnitt, *a* Innere Wandschicht, *b* Äußere Wandschicht, *c* Oogonwand, *d* Trennwand zwischen Oogon und Tragfaden, *e* Tragfadenwand, *f* Keimscheibe, 6. Keimscheibenregion mit austretendem Keimschlauch, *a* Innere Wandschicht, *b* Äußere Wandschicht, *c* Keimfaden, 7 und 8. Keimporusanlage im Querschnitt (Original).

reticulospora ein Muster rundlicher Flecken. Skuja 1964 beschrieb zwei Formen (*V. terrestris* var. *nuoljae* und *V. mulleola*) mit ornamentiertem Mesospor. Die innerste, in der Regel dünne Wandschicht färbt sich bei der beschriebenen Behandlung in Laktophenolbaumwollblau ganz oder im Bereich der Keimzone an und läßt die vorgebildete zukünftige Austrittsstelle des Keimschlauches entweder als intensiver gefärbte Rißstelle oder als farbspeichernde «Keimscheibe» erkennen. Ausbildung und Orientierung der präformierten Keimschlauchaustrittsstelle sind augenscheinlich recht typisch, aber bisher nur bei einer begrenzten Anzahl von Arten genauer untersucht. Als Beispiel sei die Struktur der Keimplatte bei *V. dichotoma* beschrieben. Die recht großen Gamozysten dieser Art gestatten bei einiger Geduld die Herstellung von Handschnitten durch die basale Keimzone, die den Aufbau klar erkennen lassen.

An Totalpräparaten der Zygoten (Fig. 9: 1) findet sich basal eine intensiv blau gefärbte elliptische «Keimscheibe», in deren Längsachse eine vorgebildete Rißlinie verläuft. Gelegentlich löst sich dieses Scheibchen bei der oben angegebenen Präparationsmethode auch völlig ab und findet sich getrennt von der Spore im Präparat (Fig. 9: 2;3). Längsschnitte durch die Oospore, so geführt, daß sie die Keimscheibe quer treffen (Fig. 9: 5) lassen erkennen,

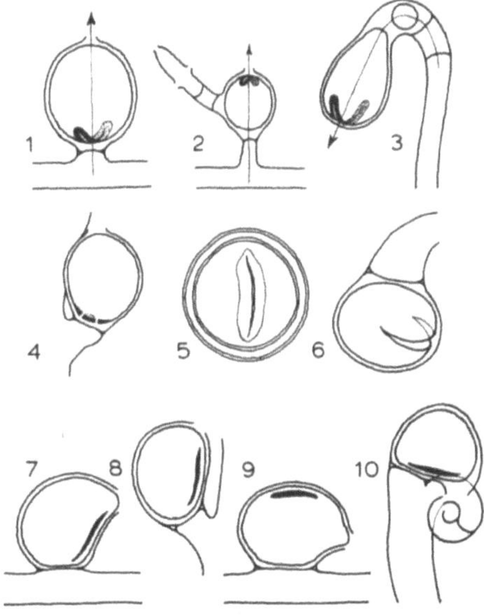

Fig. 10. Lage der Keimschlauchaustrittsstelle an der Oospore bei verschiedenen Arten. Schematisiert (Original). 1. *V. dichotoma*, 2. *V. intermedia*, 3. *V. litorea*, 4. *V. debaryana*, 5. *V. hercyniana*, 6. *V. arrhyncha*, 7. *V. sessilis*, 8. *V. woroniniana*, 9. *V. pachyderma*, 10. *V. hamata* (Original).

daß die Keimscheibe aus einer Verdickung der inneren, sonst dünnen Wandschicht hervorgeht, während die derbe äußere Wandschicht in diesem Bereich stark verdünnt ist. In der Aufsicht von innen zeigt die Keimzone im Phasenkontrastbild ein System feiner Sprünge, zentral ist der künftige Keimrißverlauf zu erkennen (Fig. 9: 4). Die Untersuchung gekeimter Sporen bestätigt, daß der Keimschlauch tatsächlich durch den nun offenen Mittelspalt der Keimscheibe austritt (Fig. 9: 6). Die Einzelbilder 7 und 8 der Fig. 9 stellen die Keimporusanlage bei *V. debaryana* dar. Hier weist ebenfalls die innere Wandschicht der Zygote eine basal gelegene lokale Verdickung auf. Sie ist jedoch mehr kreisförmig begrenzt und an Stelle eines Längsrisses findet sich ein Kreisriß der bei der Keimung die Abtrennung eines Deckelchens bewirkt. Durch den entstehenden Porus tritt der Keimschlauch aus (Fig. 45: f S. 109). Nach den bisher vorliegenden Befunden lassen sich etwa drei Grundtypen der Keimporusausbildung unterscheiden:

1. Eine klar umgrenzte «Keimscheibe» mit zentraler Rißbildung, apikal oder basal liegend (Fig. 10: 1–3 u. 5)
2. Basale Öffnung durch Kreisriß und Abtrennung eines Deckelchens (Fig. 10: 4)
3. Ohne klar umgrenzte Keimscheibe, in der sich insgesamt tingierenden inneren Wandschicht der bilateralsymmetrischen Oospore bildet sich ventral, selten dorsal ein Keimriß (Fig. 10: 7–10)

Der Untersuchung der Struktur reifer Zygoten sollte mehr Beachtung geschenkt werden, da ihre Eigenheiten recht stabil zu sein scheinen und so zur Abgrenzung der Taxa beitragen können.

4. Vorkommen

Vertreter der Vaucheriaceae sind weltweit verbreitet. Sie kommen vor in fließendem und stehendem Süß-, Brack- und Salzwasser, finden sich bis zu 20 Meter tief in Seen, aber auch in und an temporären Regenwasserpfützen, schattig auf feuchter Erde, in Gewächshäusern, werden für Höhlen angegeben (Morton u. Gams 1925) und besiedeln Blumentöpfe. Man trifft sie an vom Dünengebiet der Meeresküsten bis ins Hochgebirge, vom Nordpolargebiet (Franz-Josef-Land) bis nach Südgeorgien. Etwa ein Drittel der bekannten Arten lebt an salzhaltigen Orten des Binnenlandes und der Meeresstrände. Hinsichtlich der Ansprüche an die Wassergüte wird eine Spanne von oligosaprob bis β-mesosaprob angegeben (Liebmann 1962). Wahrscheinlich gehen manche Arten jedoch noch in die α-mesosaprobe Zone. Gemieden werden Orte geringer Luftfeuchtigkeit und voller Sonne. Am artenreichsten dürften die gemäßigten Zonen sein.

Manche Spezies wie etwa *V. dichotoma* oder *V. schleicheri* können unter günstigen Bedingungen eine ausgesprochene Massenentwicklung zeigen. So schreibt z.B. Sauer 1937 vom Schluensee in Ostholstein, daß sich in 12–15 Meter Tiefe «unterseeische Teppiche der *Vaucheria* spec. in gewaltiger Ausdehnung und geradezu ungeheuerer Massenentwicklung» finden und Kolbe

1927 berichtet über «quadratkilometergroße Flächen» im Mellensee b/Sperenberg südl. von Berlin. Die Teppiche werden dort durch Gasbildung «hutpilzartig» in die Höhe gehoben. Die Bevölkerung der Umgebung nennt die an der Oberfläche treibenden, aus abgestorbenen Fäden bestehenden und daher fahlweißlichen, kugeligen *Vaucheria*-Blasen bezeichnenderweise «Totenköpfe». Auf die Beteiligung von *Vaucheria* an der Kalktuffbildung (Vaucheriatuffe) wurde bereits hingewiesen. Manche Formen bilden in Bächen dicke flutende Polster, erfüllen Gräben mit dichten Watten oder überziehen als filzige, gelbgrüne Beläge feuchte Stellen in Gärten. Daneben existieren aber auch zarte, unauffällige Spezies die etwa Wagenradspur-Pfützenränder schattiger Waldwege so locker überspinnen, daß sie dem unbewaffneten Auge entgehen.

Trotz dieses verbreiteten und mannigfaltigen Vorkommens wurde der Gruppe erst in neuerer Zeit wieder intensivere Beachtung zuteil, wie dies aus der Vermehrung der Artenzahl im Laufe der letzten 30 Jahre abgelesen werden kann. Gleichwohl ist unsere Kenntnis mancher Art, sowie der Ökologie und der geographischen Verbreitung auch derzeit noch lückenhaft. Daran ist zweifellos die Tatsache beteiligt, daß am Standort gesammeltes Material häufig mangels Sexualorganen nicht sofort bestimmbar ist, eine an sich nicht aufwendige Kultivierung bis zum Erscheinen solcher Stadien aber unterbleibt, weil man sich mit der Angabe «*Vaucheria* spec.» begnügt. Zarte Formen jedoch werden auf diese Weise ganz übersehen.

5. Kulturen

Die Tatsache, daß am Standort sehr oft nur vegetativ entwickelte Pflanzen angetroffen werden, deren Zugehörigkeit zu den Vaucheriaceen zwar leicht feststellbar ist, die Artbestimmung aber auf der Morphologie der Sexualorgane beruht, bedingt, daß man entweder die Algen am Standort bis zum spontanen Auftreten dieser Strukturen überwachen, oder aber – was in der Regel einfacher sein wird – Kulturen anlegen muß. Sie können zuhause in Ruhe, falls nötig über lange Zeit hin beobachtet werden. Eine Kultivierung gestattet es, den ganzen Lebenszyklus lückenlos zu verfolgen, ein Bild vom charakteristischen Habitus der Population, der Variabilität ihrer Merkmale zu gewinnen und durch Klonkulturen zu sichern, daß reines, nur eine Art enthaltendes Material vorliegt. Sie ermöglicht nicht selten auch am Fundort und im Sammelgut latent enthaltene Arten zu finden, die zunächst der Beobachtung entgingen, sei es weil sie zu spärlich vertreten, oder nur im Ruhezustand vorhanden waren. Es trifft dies besonders für zarte, wenig auffallende Formen zu, wie etwa *V. lii; V. prolifera* oder *V. hercyniana.* Daß darüberhinaus Kulturen verschiedener Kategorie für spezielle Forschungsvorhaben unerläßlich sind, ist allgemein bekannt.

Für den Floristen und den Taxonomen genügen oft bereits Rohkulturen, artreine Kulturen sind aus mancherlei Gründen aber daneben wichtig, absolute Reinkulturen werden kaum benötigt. Wesentlich ist es, routinemäßig möglichst naturnahe, einfache, keinen großen technischen Aufwand erfordernde Verfahren zu bevorzugen.

Was das Hauptanliegen, die Gewinnung «fruktifizierenden» Materials zur eindeutigen Artbestimmung anbetrifft, so wurde im Laufe der Zeit eine Reihe von Anweisungen publiziert, wie die Bildung von Sexualorganen ausgelöst werden kann. Bereits Heering 1907 gibt eine Zusammenstellung solcher Verfahren. Trotzdem finden sich bis in neue Zeit in der Literatur immer wieder Angaben, daß eine Artbestimmung auf Grund des Fehlens von Geschlechtsorganen nicht möglich sei (s. z. B. die oben zitierte Stelle bei Sauer «*Vaucheria* spec.»). Nach eigener, langjähriger Erfahrung kommen jedoch praktisch alle Arten in naturnah gehaltenen Kulturen nach kürzerer oder längerer Zeit auch ohne besondere Eingriffe zur Sexualreife, falls man sie nicht durch – unbewußte – künstliche Schaffung ungünstiger äußerer Bedingungen geradezu daran hindert. Ein solcher negativer Einfluß kann, um nur ein Beispiel anzuführen, unter Umständen von der beliebten Haltung von Kulturen unter «konstanten Bedingungen» ausgehen. Wir fanden, daß Stämme von *V. dichotoma* unter sonst gleichen Voraussetzungen bei einem Licht : Dunkelwechsel von 8:16 Stunden vegetativ gut gedeihen, aber nicht fruchten, im 12:12 Stunden Licht : Dunkelrhythmus dagegen bilden sie Sexualorgane. Hält man in Unkenntnis dieses Umstandes Kulturen konstant in Kurztag-Lichtkammern, so kommen sie nicht zur sexuellen Fortpflanzung. Werden jedoch die Pflanzen unter natürlichem Tageslicht gezogen, so kann zwar während der Wintermonate gleichfalls keine Sexualorganbildung beobachtet werden, man erhält aber Antheridien und Oogonien zur Zeit der Tag und Nachtgleiche spontan, ohne daß besondere Kunstgriffe nötig sind.

Bei uns hat sich folgendes Routineverfahren bewährt:

1. Bei Vorkommen auf feuchter Erde werden vorsichtig Proben mit einer dünnen Erdschicht entnommen, in Kunststoffolie oder -beutel lufthaltig verpackt transportiert und zuhause, falls es sich um zartfädige, spärliche Anflüge handelt, direkt kleine Stückchen in flachen Petrischalen mit soviel Regenwasser übergossen, daß das Material völlig bedeckt ist. Die Schalen werden in einem Nordfenster kühl aufgestellt und öfters auf miteingebrachte Tiere untersucht. Nach einiger Zeit können vom Rande der Erdstückchen in die freie Lösung ausgewachsene Fäden mit einer feinen Pinzette abgezwickt und in neue Schalen übertragen werden. Bei Schwärmer oder Aplanosporen bildenden Arten werden diese mit einer Pipette entsprechender Weite umgesetzt. Es hat sich gezeigt, daß eine derartige Submerskultur bei in der Natur auf feuchter Erde lebenden Arten bessere Ergebnisse liefert als Versuche die Erdstückchen in Schalen nur feucht zu halten. Diese enden in der Regel damit, daß ein üppiges Wachstum von Fäden in den feuchten Luftraum erfolgt, die beim Öffnen der Schalen und Zutritt trockener Luft rasch zusammenfallen, oder in der geschlossenen Schale verpilzen. Man kann zwar künstlich feuchte, in den freien Luftraum ragende Oberflächen schaffen und darauf die Proben ansiedeln. Es ist dies jedoch weit umständlicher, für die Beobachtung ungünstiger und eine Entnahme zur Herstellung mikroskopischer Präparate erschwerender, als die problemlose Submerskultur.

Liegen derbere, dichtfilzige Erdüberzüge vor, werden zuhause Stückchen mit der Oberfläche nach unten in Halbschalen gelegt und mit einem feinen, aber kräftigen, in seiner Stärke der Festigkeit der Probe angepaßten Wasserstrahl von der Rückseite her vorsichtig freigespült unter gelegentlicher Zuhilfenahme einer Pinzette zur Entfernung größerer Partikel wie Steinchen, Wurzelwerk, Laubblattreste u.dgl. Ein geeigneter Wasserstrahl läßt sich leicht durch entsprechend gewählte Pipetten, mit einem Schlauch an die Wasserleitung angeschlossen, erzielen. So vorgereinigtes Material wird dann wie oben beschrieben weiter behandelt.

2. Dichte Rasen, etwa aus Bächen oder Seen, müssen zunächst gründlich ausgespült und ausgedünnt werden, zweckmäßigerweise gleich am Fundort. Man transportiert sie in wenig Wasser oder besser nur feucht und luftig in Folienbeuteln. Kleine Portionen kommen zuhause in Schalen mit filtriertem Standortwasser. [Zur Ausschaltung kleiner oft recht störender Begleitalgen empfiehlt es sich das Wasser nicht nur durch normales Filtrierpapier, sondern mittels einer Saugpumpe (Wasserstrahlpumpe) durch sogenannte «Entkeimungsfilterpappen» zu ziehen]. Auch bei diesen Kulturen ist eine fortlaufende Kontrolle erforderlich, da trotz des Auswaschens meist Tiere aus der üppigen, die Rasen bewohnenden Fauna mitgeschleppt sind. Nach wenigen Tagen können Einzelfäden oder – falls vorhanden – vegetative Fortpflanzungskörper übertragen werden.

Es ist ratsam die «Rohkulturen» nach der Übertragung geeigneten Materials nicht sofort zu verwerfen, sondern sie, unter gelegentlicher Zugabe neuer Lösung stehen zu lassen und sie von Zeit zu Zeit unter dem Präpariermikroskop zu durchmustern. Zuweilen finden sich noch nach Monaten fruktifizierende Thalli vorher nicht in Erscheinung getretener Arten.

Während der «Reinigungsphase» der Kulturen sollte die Verwendung von «Nährlösungen» unterbleiben und wie angegeben nur Regenwasser, Standortwasser, oder auch glasdestilliertes Wasser durch Standorterde filtriert, Verwendung finden, da nährstoffreichere Substrate die Entwicklung von unerwünschten Fremdalgen (Blaualgen!) fördern und die Reinigung einmal «verunkrauteter» Kulturen, wenn überhaupt nur mit viel Zeitaufwand möglich ist. Erst vorkultivierte Pflanzen werden unter Zusatz von Nährsalzen weitergehalten, wenn man es nicht vorzieht bei natürlichen Substraten zu bleiben. Von den zahlreichen angegebenen Nährlösungen seien nur zwei für unsere Zwecke recht universal verwendbare genannt.

A. Für Süßwasserformen eine verdünnte Modifikation der als «Knop alkalisch» bekannten Lösung folgender Zusammensetzung:

$Ca(NO_3)_2 \cdot 4H_2O$	10 ml	einer 10%igen Stammlösung
$MgSO_4 \cdot 7H_2O$	10 ml	einer 2,5%igen Stammlösung
K_2HPO_4	10 ml	
KNO_3	10 ml	
Erdlösung	20 ml	

Mit Regenwasser, Standortwasser oder Aqua bidest. auf 8000 ml aufgefüllt.

Erdlösung:

$KHCO_3$	2,250 g
$FeSO_4 \cdot 7H_2O$	1,250 g
EDTA (Aethylendiamintetraessigsäure)	1,750 g

Mit Lauberdedekokt auf 1000 ml aufgefüllt.

B. Für Arten salzhaltiger Standorte:

K_2HPO_4	0,8 ml	einer 2,5%igen Stammlösung
KNO_3	4,0 ml	
$FeSO_4 \cdot 7H_2O$	0,075 ml	einer 1%igen Stammlösung

Ostseewasser (Salzgehalt 1,25%) 272 ml (oder anderes entsprechend verdünntes Meerwasser)

Aqua bidest.	728 ml
Lauberdedekokt	20 ml

In dieser Lösung haben wir über Jahre hin mehrere Generationen von *V. dichotoma* gezogen.

Methoden und Lösungen zur Gewinnung und Haltung absoluter Reinkulturen in «definierten», d. h. in ihrer chemischen Zusammensetzung genau bekannten Medien, müssen der Spezialliteratur entnommen werden. Es seien zum Vergleich mit den oben angeführten Substraten nur zwei definierte Nährlösungen für *Vaucheria* gegeben. Er zeigt, der Unterschied beruht im wesentlichen darin, daß in einem Falle Spurenstoffe und Vitamine in nicht näher bekannter Menge und Zusammensetzung durch Lauberdedekokt, im anderen aber durch reine Substanzen geboten werden.

A. **Nährlösung** n. Parker et.al. 1963

Stammlösungen
In je 100 ml Aqua dest. sind zu lösen:

a) $NaNO_3$	17,0 g	
b) K_2HPO_4	2,0 g	
c) $MgSO_4 \cdot 7H_2O$	2,0 g	
d) $CaCl_2$ (trocken)	1,0 g	
e) EDTA	5,0 g	+ KOH 3,10 g
f) $FeSO_4 \cdot 7H_2O$	0,50 g	+ H_2SO_4conc. 0,1 ml
g) H_3BO_3	0,15 g	
h) $ZnSO_4 \cdot 7H_2O$	0,0882 g	
$MnCl_2 \cdot 4H_2O$	0,0144 g	
MoO_3	0,0071 g	
$CuSO_4 \cdot 5H_2O$	0,0157 g	
$Co(NO_3)_2 \cdot 6H_2O$	0,0049 g	
H_2SO_4 conc.	0,1 ml	

Auf 1000 ml Aqua dest. sind zu geben: je 10 ml der Lösungen a–d
je 1 ml der Lösungen e–h

Nach dem Sterilisieren werden je 1000 ml 10 µg sterilfiltriertes Vitamin B_{12} zugesetzt.

B. **Nährlösung** n. Kataoka 1975

In 900 ml Aqua dest. werden gelöst:

KNO_3	0,0250 g	Na_2-EDTA	0,0045 g
KH_2PO_4	0,0136 g	$MnCl_2 \cdot 4H_2O$	582 µg
$MgSO_4 \cdot 7H_2O$	0,0250 g	Na_2MoO_4	24 µg
$Ca(NO_3)_2 \cdot 4H_2O$	0,1000 g	$CoCl_2 \cdot 6H_2O$	30 µg
	Biotin	0,0001 µg	
	Vitamin B_{12}	0,0001 µg	

Mit Aqua dest. auf 1000 ml auffüllen.

6. Morphologie des sexualreifen Thallus – Wuchstypen

Der Aufbau des Sexualorgane tragenden Thallus läßt bei den Vaucherien im wesentlichen folgende Wuchstypen erkennen (Fig. 11):

I. Die Sexualorganbildung erfolgt so, daß das monaxiale Wachstum der Tragfäden nicht unterbrochen wird (monopodialer Aufbau, Fig. 11: 1–5; 9).
   a. Die Sexualorgane, sowohl Spermangien als auch Ooangien sitzen individuell als seitliche Kurztriebe am Mutterfaden, der ungehindert weiter wachsen kann (Fig. 11: 1). Beispiel: *V. sessilis.*
   b. Die Sexualorgane befinden sich an Seitentrieben begrenzten Wachstums, der Tragfaden entwickelt sich apikal ungestört weiter.
      1. Die lateralen Stände («Fruchtäste») sind zwitterig, der Seitenast I. Ordnung schließt in der Regel mit einem Spermangium ab, unter

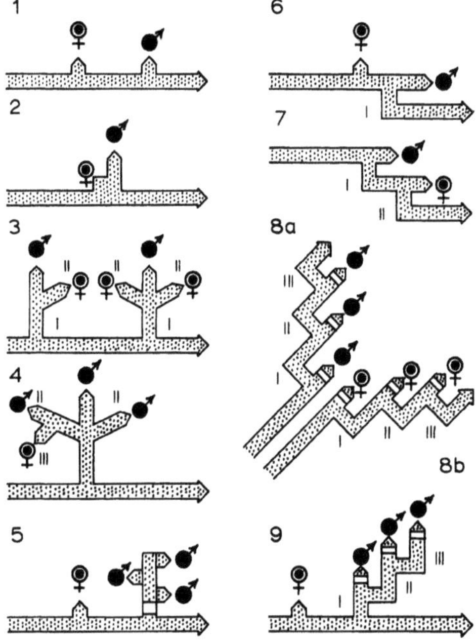

Fig. 11. Verzweigungstypen im Sexualbereich des Thallus von *Vaucheria.* 1–5 Monopodiale Verzweigung. 1 und 2. *Sessiles*-Typ, 3 und 4. *Racemosae*-Typ, 5. *Androphorae*-Typ. 6–8. Sympodiale Verzweigung. 6. *V. prolifera,* 7. *Hercynianae*-Typ, 8a und 8b. *V. litorea,* 9. Monopodial mit sympodialem ♂ Sexualorganstand, *V. compacta* (Original).

dem an Seitenästen II. Ordnung ein oder mehrere Oogonien sitzen (fig. 11: 3). Beispiel: *V. woroniniana.*

Durchwachsungen sind bei diesem Typ häufig, sowohl direkt durch ein nicht funktionsfähig gewordenes, oder nach der Reife entleertes Gametangium (♂ oder ♀) («monopodial»), als auch basal, lateral unter normal entwickelten Sexualorganen durch Seitenäste höherer Ordnung («sympodial»). Als eine Kombination solcher Proliferationen mit Reduktionen lassen sich die Stände bei *V. longata* oder *V. debaryana var. polyandra* deuten Fig. 11: 4; (Fig. 33, 34 u. 46: e–h). Übergangsbildungen zwischen Ia und Ib1, die sich als «Abnormitäten» gelegentlich bei *V. sessilis* und *V. borealis* finden, deuten darauf hin, daß sich beide Typen recht nahe stehen (Fig. 11: 2) (Fig. 23: c; d; h; Fig. 20: m).

2. Die seitlichen Stände sind eingeschlechtig und in sich oft sympodial verzweigt indem der Lateralast I. Ordnung mit einem Gametangium endet, ein Seitentrieb II. Ordnung an seiner Basis das Wachstum fortsetzt, seinerseits wieder mit einem Gametangium abschließt usf. (Fig. 11: 9). Beispiel: Zwitterige Stämme von *V. compacta.* (Hier allerdings nur die spermangientragenden Stände verzweigt, die Oogonien solitär, höchstens paarig) (Fig. 54: b).
   Wir stellen hierher auch den von *V. synandra* repräsentierten Typ mit ebenfalls ungestört von der Geschlechtsorganbildung weiter wachsendem Tragfaden, dem seitlich direkt die Oogonien ansitzen, während die aus Begrenzungsraum und Androphor mit Antheridien bestehenden Lateraltriebe als Spermangienstände aufgefaßt werden können (Fig. 11: 5).

II. Apikal am Tragfaden entstehende Gametangien beenden dessen monaxiales Wachstum. Die Entwicklung wird durch einen unterhalb des endständigen Gametangiums entspringenden Seitenast («Sympodial») fortgesetzt (Fig. 11: 6–8).

a. Zwittrige Formen

1. Nur die Spermangien entstehen apikal, die Oogonien finden sich basal von ihnen, seitenständig am Mutterfaden, der sein Wachstum mit einem Lateralast sympodial fortsetzt. Das primär endständige Antheridium wird dadurch sekundär in eine scheinbare Seitenstellung abgedrängt. Spätstadien ähneln dann bei flüchtiger Betrachtung dem Typ Ia. Fig. 11: 6 Beispiel: *V. prolifera.* (Fig. 19).
2. Spermangien und Ooangien bilden sich sukzessive apikal und zwar zuerst ein Antheridium am Hauptfaden. Er wächst unterhalb des Gametangiums mit einem Seitenast I. Ordnung weiter, der terminal ein Oogon entwickelt und basalwärts davon einen Lateraltrieb II. Ordnung ausbildet. Fig. 11: 7. Beispiel: *V. hercyniana.* (Fig. 58).

b. Monözische Formen

Es entstehen rein männliche und rein weibliche sympodiale Verzweigungssysteme, indem im einen Falle ein Antheridium, im anderen ein Oogonium apikal das monaxiale Wachstum eines Triebes beendet und ein Seitenast nächster Ordnung, der seinerseits wieder von einem

entsprechenden Gametangium terminiert wird, die Entwicklung fortsetzt (Fig. 11: 8a u. b). Beispiel: *V. litorea.* (Fig. 52, A u. B).
Bei stark verzweigten Formen ist es oftmals schwierig zu entscheiden, ob die Sexualorganast-Systeme als endständig aus einem Langtrieb hervorgegangen aufzufassen sind, oder als seitenständig an einem apikal weiterwachsenden Tragfaden. Im ersteren Falle wäre die Einordnung hier, unter den sympodialen Typen vorzunehmen, im zweiten aber müßten sie, als zwar in sich sympodiale, aber seitenständig in einem monopodialen System auftretende Fruchtäste zu Typ Ib2 (Fig. 11: 9) gezählt werden.

7. Untersuchung und Bestimmung

Es ist hier nicht der Ort generell über die Problematik des Typuskonzeptes und der Nomenklatur bei den Vaucheriaceen zu diskutieren. Einige Fragen, mit denen wir, bei dem Versuch ein gegebenes Material kritisch zu bestimmen, nicht selten konfrontiert sind, müssen jedoch kurz erörtert werden. Vertreter der Vaucheriales können in der Regel – Pflanzen in geeignetem Entwicklungszustand vorausgesetzt – nicht nur in lebendem Zustande, sondern auch herbarisiert[1] oder naß fixiert determiniert werden. Diese Möglichkeit bedeutet gegenüber vielen anderen Xanthophyceen einen Vorteil, erwies sich aber rückblickend in gewisser Hinsicht auch als ein Übel. Lange Zeit bildete nämlich weithin konserviertes Material die Grundlage taxonomischer Untersuchungen, obgleich schon früh der Wert von Lebendbeobachtungen anerkannt war. So schreibt ein Rezensent (Anonym 1805) der Arbeit Vauchers: «die er ... im frischen Zustande, allerdings dem günstigsten und einzig sicheren – zu beobachten Gelegenheit hatte». Während sich andere biologische Disziplinen mit dem Studium lebender aber taxonomisch ungenügend charakterisierter Vaucherien befaßten, beruhen die meisten der vorliegenden monographischen Darstellungen der Gruppe, sowie nicht wenige Artbeschreibungen bis in die Gegenwart auf dem Studium von Herbarproben. Nur langsam setzt sich die Erkenntnis durch, daß die Ausgangsbasis zur umfassenden Charakterisierung und Einordnung die lebende Pflanze, die Kenntnis ihres Lebenszyklus, ihrer morphologischen Variabilität und die Bedingungen ihrer Entwicklung sein muß. Eine Reihe aus dieser Sicht wesentlicher Merkmale aber sind an konservierten Proben nicht mehr feststellbar.

Die Bevorzugung toten, erstarrten, d.h. «Momentaufnahmen» im Augenblick der Fixierung darstellenden, nicht selten noch dazu spärlichen Materials dürfte mit zu der oft zu findenden engen «statischen» Artauffassung

[1] Wichtig ist dabei, worauf Blum 1953 wieder aufmerksam machte, daß die Pflanzen nicht unter Druck getrocknet wurden, ein Umstand, der den Sammlern früherer Zeit augenscheinlich bekannt war, der in neuerer Zeit aber nicht mehr beachtet wurde.

beigetragen haben. Herbarbelege, sicherlich gelegentlich sogar ausgesucht «typische» Stadien enthaltend, erleichtern und verleiten zu Grenzziehungen, die sich beim Studium lebender Populationen verschiedener Herkünfte und an Kulturen, mit oft erstaunlicher Formenmannigfaltigkeit, als unhaltbar erweisen. Es zeigt sich nämlich, daß Arten innerhalb der Vaucheriaceen Merkmalsspektren recht unterschiedlicher Breite aufweisen. Wir kennen relativ scharf begrenzte Formenkreise, wie sie etwa *V. synandra* oder *V. sescuplicaria* zeigen. Sie stellen «gute», für den Taxonomen «bequeme» Arten («starre Arten») dar. Daneben finden sich Formenkreise mit bemerkenswert weiter, in der Grenzzone sich überschneidender Merkmalsamplitude. Bei ihnen wird in der Übergangszone eine klare, objektive Abgrenzung unmöglich und die Zuordnung zur einen oder der anderen Spezies zur Ermessensfrage («plastische Arten»). Solche Populationen sind für den Biologen sicherlich die interessanteren, dem Taxonomen aber eine Crux. Beispiele liefern u.a. die *geminata* und die *terrestris-hamata* Gruppe der Sektion Corniculatae.

So besteht natürlich keine Schwierigkeit eine «typische» *V. walzi* von einer «typisch» ausgebildeten *V. verticillata* zu unterscheiden und diese gegen eine «Bilderbuch»- *V. geminata* abzugrenzen. Aber die Populationen, die uns in der Natur real begegnen, bestehen nicht oder nur ausnahmsweise aus solch «typisch» entwickelten Formen. Ich kenne Sippen, die neben «echten» *walzi* Fruchtständen ebenso «echte» *verticillata* Typen enthalten. Man steht in solchen Fällen vor der Frage: welche Ausbildung ist die ausschlaggebende und welche als «abnorm» zu bezeichnen? Der rasch erhobene Verdacht es handle sich um Mischrasen verschiedener Taxa, läßt sich durch den Nachweis des Vorkommens der unterschiedlich gestalteten Sexualorganstände am gleichen Thallus entkräften. Eine Entscheidung ist zuweilen durch längere Beobachtung an Kulturen, besonders an Klon-Kulturen möglich. Manchmal bestätigen aber auch sie eine große Variabilitätsbreite der Merkmale. Insgesamt jedoch liegen kaum Berichte über derartige, ja zeitraubende Versuche vor. In solch kritischen Fällen «plastischer» Arten, namentlich auch wenn nur konserviertes und spärliches Material zur Determination vorliegt, erscheint es nicht angebracht unter Negierung der abweichenden Formen eine definitive Artzuordnung vorzunehmen und dadurch die bestehende Problematik zu verschleiern. Vielmehr ist unter Schilderung der Variabilitätsspanne eine nur bedingte Artbestimmung angezeigt. Nur so wird im Laufe der Zeit genügend Material angesammelt, das es gestattet, die Grenzziehungen zu überprüfen und zu erwägen ob, namentlich im Bereich solcher «plastischer» Arten, nicht eine weitere Fassung der Art, im Sinne von Sammelarten oder Formenkreisen angebrachter wäre, als das Bestreben die Formenmannigfaltigkeit durch Aufsplitterung in immer mehr Spezies mit immer unschärferen Grenzen zu erfassen.

Man sollte in diesem Sinne auch von der Praxis abgehen, in der Ikonographie nur selektierte «typische» Ausbildungen (noch dazu oft nur in einer einzigen Figur!) darzustellen, sondern, namentlich bei Neubeschreibungen, eine Übersicht des Formenspektrums einschließlich der Extreme geben. Idealisierte Zeichnungen, die die Deutung des Beobachters, nicht das real vorliegende Objekt wiedergeben, sind, soweit nicht ausdrücklich als «schematisch» kenntlich gemacht, vom Übel. In meinen Abbildungen finden sich daher ganz bewußt neben Figuren der typischen Form auch in den Populationen gefundene abweichende Ausbildungen dargestellt. So kommt die Variationsspanne der Gestaltungsmöglichkeit zum Ausdruck und es zeigt sich, daß in der Population einer Art zuweilen Bildungen als «Abnormitäten» auftreten, die bei einer anderen Spezies die Regelform sind. Blum 1953 in seiner Arbeit über «racemose Vaucherien mit geneigten oder hängenden Oogonien» äußert sich in ähnlicher Weise: «Aufgrund einer gut ausgebildeten Neigung Abnorme- oder Zwischenformen zu bilden, die diese Arten mit der *geminata*-Gruppe teilen, muß der Algologe, der Bestimmungen vornehmen will, die Spannweite der Erscheinungsweise jeder Form kennen lernen und von jedem Exemplar eine Reihe von Fruktifikationen beobachten. Es ist selten möglich eine Art nach Beobachtung eines einzigen Fruchtastes zu bestimmen».

Ich habe im systematischen Teil dieser Darstellung meiner oben dargelegten Artauffassung nur sehr zurückhaltend Rechnung getragen und Arten, deren Selbständigkeit ich einstweilen bezweifle, trotzdem aus konventionellen Gründen beibehalten.

Ein weiteres Problem, das gleichfalls bis zu einem gewissen Grade mit der Konservierbarkeit der Vaucherien verbunden ist, liegt darin, daß für diese Algengruppe, wie für alle Phycophyten, mit Ausnahme dreier Gruppen (Nostocaceae, Desmidiaceae und Oedogoniaceae), immer noch am 1. Mai 1753 (Linné, Species Plantarum ed. 1) als Ausgangspunkt einer gültigen Veröffentlichung der Namen festgehalten wird (Intern. Code, Art. 13). Es führt dies immer wieder dazu, daß völlig eindeutige, lange geläufige und vor allem auf gute und sorgfältige Beschreibungen und Abbildungen gegründete Namen geändert werden. An ihre Stelle treten lange vergessene, entsprechend den zu damaliger Zeit vorhandenen optischen Hilfsmitteln völlig unzureichend charakterisierte Bezeichnungen, die – wenn überhaupt – nur durch wichtige Merkmale vermissen lassende Abbildungen belegt sind (man vergl. z.B. die Abb. von *V. debaryana* bei Woronin 1880 auf Tafel VII mit der Darstellung der *Ectosperma cruciata* bei Vaucher 1803, Tafel II, Fig. 6!). Und dies nur, weil (leider!) ein an den alten Namen gebundenes Belegstück erhalten blieb, dessen Identität mit einer später unter dem heute geläufigen Namen gut beschriebenen Art wahrscheinlich gemacht werden kann! Dem Übelstand wäre leicht zu begegnen, wollte man sich nur entschließen auch für die Vaucheriales, wie bei den genannten drei Gruppen vernünftigerweise bereits durchgeführt, einem «later starting point» zuzustimmen. Eine solche Festlegung wurde mehrfach vorgeschlagen. So schrieb z.B. Luther 1953: Als Ausgangspunkt der Vaucheriennomenklatur würde «Von bisherigen Arbeiten ... Heerings (1907) kritische Bearbeitung der Vaucherien der ganzen Welt offenbar am besten einen solchen Dienst leisten. Falls Verwirrung vermieden werden soll, ist es in mehreren Fällen jetzt nicht möglich in der *Vaucheria*-Taxonomie auf alte, «vor-Pringsheimische» Namen zurückzugreifen». Ich habe 1963 einen ähnlichen Vorschlag gemacht.

Dieser Auffassung entsprechend konnte ich mich nicht entschließen die zahlreichen in den letzten Jahren auf Grund der Prioritätsregel vorgeschlagenen Namensänderungen zu übernehmen. (Starmach 1972 und Zauer

1977 haben sich ebenso entschieden). Diesen Änderungen sollen seit langem eingeführte und in alle Lehrbücher der Botanik eingegangene Bezeichnungen wie etwa *V. sessilis* zum Opfer fallen. Im speziellen Teil werden an erster Stelle daher die geläufigen, fast alle – soweit die Spezies damals schon bekannt waren – bereits von Heering 1907 gebrauchten Artnamen zitiert, in Klammern dahinter finden sich die, solange keine Annahme eines späteren Ausgangstermins für die Vaucheriennomenklatur erfolgt ist, formal «korrekten» Bezeichnungen.

Die vorliegende Darstellung beruht, mit Ausnahme weniger von mir bisher nicht selbst gefundener Formen, auf eigenen Nachuntersuchungen lebenden Materials aus Freilandvorkommen und von diesen ausgehend angelegten Kulturen. Die Abbildungen sind, soweit nicht Quellen genannt werden, Originale des Verfassers, nach Lebendpräparaten gezeichnet. Dabei wurde besonders darauf geachtet, daß die räumliche Anordnung der Pflanzenteile durch Vermeidung eines Deckglasdruckes (Glassplitter- oder «Füßchen»-Unterlage) möglichst wenig gestört war. Den Maßangaben liegen, wenn sie aus drei Zahlen bestehen, stets so viele Einzelmessungen an einer Population zugrunde, daß der Verlauf der Zufallskurve ermittelt war, aus der dann der kleinste und der größte gefundene Wert, sowie der Scheitelwert entnommen sind.

8. Parasiten

Vaucherienpolster beherbergen eine große Zahl tierischer und pflanzlicher Organismen. Dabei sind die Beziehungen unterschiedlicher Art. Manchen Lebewesen dienen die Rasen lediglich als Substrat, dem sie äußerlich, epiphytisch, oft aber doch eine gewisse Spezialisation zeigend ansitzen. Anderen bieten sie als stille Räume zwischen den Fäden, z.B. in rasch fließenden Gewässern, Unterschlupf. Vielen sind Vertreter der Gattung Nahrungsquelle, manchen bieten sie epiphytisch und endophytisch Wohnung und Nahrung zugleich. Von der Vielfalt der Formen im Lebensraum «Vaucheriarasen», die genauer zu untersuchen sicher interessant wäre, bekommt man einen Eindruck, wenn solche Rasen etwa aus der Spritzzone eines Baches oder von Steinen seines flachen Grundes in einer Schale auseinandergezupft werden. Wie wichtig aber auch die Wechselbeziehungen dieses Kleinstandortes zur Umwelt im natürlichen Biotop sind, zeigt die Beobachtung, daß in so isolierten Watten die gefräßige Fauna die Oberhand gewinnt und nach kurzer Zeit von der aus ihrem Milieu entnommenen *Vaucheria* nur noch Reste übrig sind, während sie sich unter den Gleichgewichtsbedingungen am Standort normalerweise behauptet und üppig gedeiht.

Wir wollen uns hier auf Parasiten im engeren Sinne beschränken, also nur solche Organismen berücksichtigen, die sich auf Vaucherien, zuweilen nur auf eine oder wenige Arten spezialisiert haben und vornehmlich endophytisch leben. Selbst deren Zahl gestattet eine Schilderung im einzelnen nicht.

Ich begnüge mich daher, auf einige markante Vertreter und ihre Problematik hinzuweisen, die anderen werden mehr oder minder vollständig tabellarisch zusammengefaßt erwähnt.

Gallbildungen (Cecidien)

Gallen bildende Parasiten fallen zunächst meist durch die von ihnen induzierten morphologischen Veränderungen der Pflanzen, die Gallen auf. Erst durch sie aufmerksam gemacht, sucht man nach der Ursache der Bildungsanomalien. Bei den Vaucherien kommen Zoocecidien und Phytocecidien vor. Erstere haben schon frühe Beachtung gefunden, ein Phytocecidium aber wurde erst in neuerer Zeit bekannt.

1. Zoocecidien. Die verbreitet auf verschiedenen Arten der Gattung anzutreffenden Gallen dieser Gruppe stellen wurst-, blasen- bis beutelförmige, oft in ein oder mehrere Zipfel oder Hörnchen auslaufende seitliche Thallusfaden-Auswüchse dar, in denen meist ein sich bewegendes Tierchen und–oder ovale Eier zu finden sind. Die Bildungen wurden wohl erstmals von Vaucher 1803 als Zoocecidien erkannt und beschrieben.[1] Allerdings irrte er hinsichtlich der Zugehörigkeit des verursachenden Tieres, bestimmte es als eine *Cyclops*-Art (*Cyclops lupula*). Erst Ehrenberg 1834 konnte auf Grund einer Zeichnung Wernecks feststellen, daß es sich um einen Vertreter der Rotatorien handelt, den er *Notommata werneckii* nannte. Gleichwohl wurden die Gallen dieses Tieres zunächst noch mehrfach als normale Entwicklungsstadien von *Vaucheria* verkannt. So beschrieb Kützing 1856 eine neue Spezies «*sacculifera*», die beigegebene Figur (Taf. 63, Fig. III) zeigt dagegen klar eine zweizipfelige *Notommata*-Galle mit zahlreichen Eiern, die der Autor als «Schwärmzellen» von *Vaucheria* deutet. Vorher hatte bereits Roth für gallentragendes Material eigene Varietäten: «*clavata*», «*bursata*» und «*vesicata*» von *Conferva dilatata* aufgestellt die Unger 1827 zwar für «Entwicklungsstufen einer und derselben Pflanzenspecies» hält, aber mit der «Thierwerdung der Pflanze», mit der Zoosporenbildung in Zusammenhang bringt. Trotz mehrerer ausführlicher Untersuchungen der Zoocecidien auf *Vaucheria* sind noch eine Reihe von Fragen offen. So ist noch nicht geklärt, ob die verschiedenen zu beobachtenden, aber bei einer Vaucherienart oft einheitlichen Gallenformen (einzipfelige, wurstförmige (Fig. 12: 3, 4), zwei- bis mehrzipfelige, kissenartige (Fig. 12: 1, 2) Bildungen) wirtsspezifisch sind oder auf Rasseneigenheiten des Rädertieres beruhen.

Ungeklärt ist auch noch, ob alle Rotatoriengallen auf *Vaucheria* von der einen Art *Proales wernecki* (Ehrb.) Huds. et Gosse 1889 herrühren. Diese Spezies weist nämlich glattwandige Subitan- und Dauereier auf. Es wurden jedoch auch Gallen beobachtet mit bestachelten Latenzeiern (von Debray 1890 in der Umgebung von Algier auf *V. terrestris*, *V. pachyderma* und *V. sessilis* gefunden und für *Notommata werneckii* gehalten). Voigt 1957 vermutet, daß es sich «bei diesem Fund nicht um *P. wernecki*» handelt. Da die gleiche

---

[1] Bereits 1801 hatte Vaucher auf Körper hingewiesen und sie auf Tafel IV, Fig. 14 gut abgebildet, die nicht mit den sehr ähnlichen Keulen verwechselt werden dürften, über die er im Zusammenhang mit der Fruktifikation gesprochen habe. Damals aber hatte er «hinsichtlich ihres Zweckes nicht die geringste Vermutung».

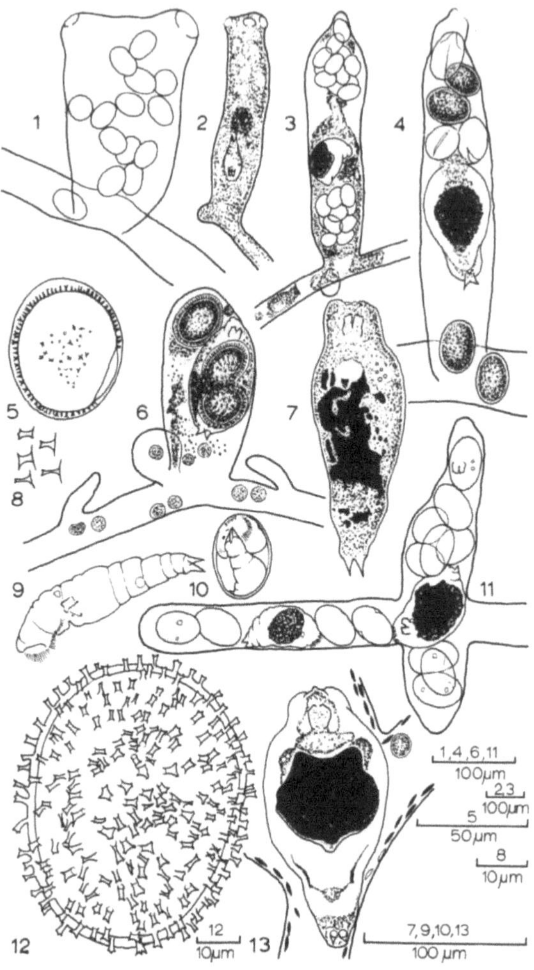

Fig. 12. Zoocecidien bei *Vaucheria.* 1–4 Gallen von *Proales werneckii.* 1 Zweizipfelige Galle mit Subitaneiern, 2–4 Cecidien mit dem Gallen erzeugenden Tier und (3 und 4) Subitaneiern, in 4 drei der Eier geschlüpft, 5–13 *Proales* sp. 5 Bestacheltes Dauerei mit Keimstelle, 6 *Vaucheria aversa* mit Galle, die ein Tier nebst drei Dauereiern enthält, 7 und 9 *Proales* sp., 8 einzelne Latenzei-Stacheln, 10 Subitanei mit Jungtier, 11 Thallusabschnitt mit Subitaneiern, dem Muttertier (an der Ursprungsstelle der Gallen) und Jungtier aus einem Subitanei, 12 Dauerei, 13 altes Muttertier (Original).

oder eine sehr ähnliche Form auch in Europa, allerdings wohl sehr selten, vorkommt (ich habe sie im Harz in *Vaucheria aversa* gefunden) sei sie weiterer Beachtung empfohlen (Abb. 12, Fig. 5–13).

2. Phytocecidien. Zuweilen können an Thalli von *V. debaryana* und *V. woroniniana* hexenbesenartig gehäufte Verzweigungen auftreten (Fig. 13: 1–5). Verursacher dieser auffallenden Bildungen ist ein Phycomycet, *Zygorhizidium vaucheriae* Rieth 1967, der merkwürdigerweise erst vor 10 Jahren beschrieben wurde. Bisher fand sich die Pilzgalle im Harzgebiet und (etwa 2800 m über NN) im Pamir. Christensen 1969 gibt sie bei *V. debaryana* und *V. woroniniana* für die Schweiz an. Noch nicht genügend ge-

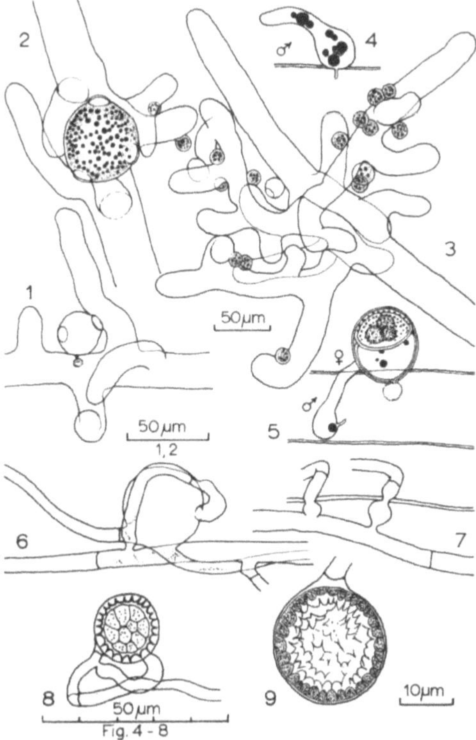

Fig. 13. Phytocecidien bei *Vaucheria* (1–5) und *Pythium* sp. (6–9). 1–5 *Zygorhizidium vaucheriae*, 1, 2 Sporangium des Pilzes und beginnende Gallbildung, 3 Weiter entwickelte Galle, mehrere Sporangien, 4 ♂ Thallus von *Zygorhizidium*, 5 Sexualprozeß und Zygotenbildung des Pilzes, 6 Junge Sexualorgane von *Pythium* sp., 8 und 9 Zygote von *Pythium* sp. (Original).

klärt scheint, ob es sich bei dem auf den genannten Arten vorkommenden *Zygorhizidium* um zwei artspezifische Rassen handelt, da sowohl von Christensen als auch von mir bei gleichzeitigem Vorkommen beider Vaucherienspezies stets nur eine befallen gefunden wurde.

3. Auf Vaucherien parasitierende, aber keine Gallen erzeugende Phycomyceten. Eine Übersicht der bisher gefundenen Arten gibt die folgende Tabelle. Eine wohl noch nicht beschriebene *Pythium*-Art (in *V. sessilis* aus dem Harz) ist auf Fig. 13: 6–9 dargestellt. Sie bedarf weiterer Untersuchung.

Auf bzw. in Vaucherien parasitierende Phycomyceten

Chytridium cejpii Fott 1951	*V. sessilis*
Ch. pyriforme Reinsch 1877	*V. sessilis*
	V. geminata
Ch. sexuale Koch 1951	*V. geminata*
Ch. lagenaria Schenk 1858	*V. spec.*
Entophlyctis rhizina (Schenk) Minden 1915	*V. geminata*
	*V. sessilis, V.*spec.
E. helioformis (Dang.) Ramsbottom 1915	*V.* spec.
E. vaucheriae (Fisch) Fischer 1892	*V. sessilis*
E. woronichinii Jaczewski 1931	*V. sessilis*
	V. geminata
Olpidium entophytum (Braun) Rabenh. 1856	*V. geminata, V. spec.*
	V. sessilis
	V. dichotoma?
Phlyctochytrium quadricorne (deBary) Schroeter 1892	*V. ornithocephala*
Ph. biporosum Couch 1932	*V.* spec.
Ph. bullatum Sparrow 1937	*V.* spec. (Oogonien)
Ph. planicorne Atkinson 1909	*V.* spec.
Ph. vaucheriae Rieth 1956	*V. intermedia*
	V. compacta
	V. thuretii
Pythium spec.[1]	*V. sessilis*
Rhizophydium multiporum deWildeman 1900	*V. sessilis* (Oogonien)
Rh. vaucheriae deWildemann 1900	*V. sessilis* (Oogonien)
Rh. pyriformis Valkanov 1931	*V. spec.* (Oosporen)
Rh. constantineani Saccardo 1905	*V.* spec.
Woronina glomerata (Cornu) Fischer 1892	*V. sessilis*
	*V. terrestris, V.*spec.
Zygorhizidium vaucheriae Rieth 1967	*V. woroniniana*
	V. debaryana

[1] Noch unbeschriebene Art

II. Spezieller Teil

Xanthophyceae 2

Vaucheriales

In der für die Bearbeitung der Xanthophyceen in der Süßwasserflora vorgesehenen Gliederung werden die siphonalen Formen in zwei Ordnungen geteilt:
1. Botrydiales
2. Vaucheriales

Die Botrydiales wurden in Band 3, Xanthophyceae I, dargestellt. Der Band 4, Xanthophyceae II, enthält die Vaucheriales mit der einzigen Familie:

Vaucheriaceae Dumortier 1823 (S. F. Gray 1821 als Vaucherideae), die in dieser Fassung nur eine Gattung enthält:

Vaucheria de Candolle 1801.

Anhangsweise wird die Gattung *Asterosiphon* Dangeard 1940 behandelt. Dabei ist jedoch zu betonen, daß *Asterosiphon,* obgleich lange Zeit Stadien seines Lebenszyklus für Entwicklungszustände von *Vaucheria* gehalten wurden, zwar im Habitus des Thallus Ähnlichkeit mit *Vaucheria* aufweist und eine Stellung zwischen *Botrydium divisum* und *Vaucheria* einnimmt, in seinem Fortpflanzungsverhalten aber mehr Gemeinsamkeit mit den Botrydiales hat.

Die Gattungen *Vaucheria* und *Asterosiphon* können nach folgendem Schlüssel getrennt werden:

1a Terrestrisch und aquatisch lebend, Thallus aus einem Gewirr verzweigter Röhren bestehend, Rhizoide, soweit vorhanden, regellos verteilt, sexuelle Fortpflanzung durch Oogamie . . . . A. *Vaucheria* (S. 36)

1b Stets terrestrisch lebend, Thallus aus einer oberirdischen Rosette dichotom verzweigter Röhren mit zentralem, unterirdisch gegabeltem Rhizoid bestehend, eine sexuelle Fortpflanzung ist nicht bekannt . . . . B. *Asterosiphon* (S. 133)

A. Vaucheria De Candolle 1801

Bull. Sci. Philom. Paris **III** (1801):20.

«Faden krautartig, einfach oder verzweigt, nicht gekammert; Körner an der Außenwand der Fädchen und in der Regel gestielt. – Gattung dem Citoyen Vaucher gewidmet weil er an einer der Arten zuerst die Fruktifikation der Conferven beobachtete» (De Candolle 1801).

Bestimmungsschlüssel der Sektionen (dazu Fig. 7)

1a Antheridialast basal durch zwei Querwände, die einen Leerraum («Stützzelle», «Begrenzungszelle») einschließen, vom übrigen Thallus abgegrenzt. Meist Arten salzhaltiger Standorte (Fig. 7: 1–4, 8 u. 9) **2**
1b Antheridium oder Antheridialast nur durch eine Querwand vom übrigen Thallus abgegrenzt, daher ohne «Begrenzungszelle» (Fig. 7: 5–7, 10–20. Fig. 7: 21–27) **4**
2a Ein Antheridium dem Leerraum direkt apikal ansitzend, mit mehreren Entleerungsporen (Fig. 7: 1–4) . . . . . **7. Sekt. Piloboloideae** (S. 115)
2b Die Antheridien sitzen zu ein bis mehreren erst einem der Stützzelle folgenden apikalen Thallusabschnitt, dem Androphor, seitlich an. Mit einer endständigen Entleerungspore (Fig. 7: 8 u. 9) **3**
3a Androphor blasig aufgetrieben bis angeschwollen. Der aus Stützzelle und Androphor mit ansitzenden, kaum gestielten Antheridien bestehende seitliche Kurztrieb ist in der Regel einem Oogon zugeordnet. Oogonschnabel hakenförmig gekrümmt (Fig. 7: 8) . . . . **6. Sekt. Androphorae** (S. 112)
3b Androphor nicht blasig aufgetrieben, ein durch den Leerraum vom übrigen Thallus getrenntes, meist endständiges, röhrenförmiges Hauptfadenstück darstellend. Ohne gesetzmäßige Lagebeziehung zu den Oogonien. Antheridien meist deutlich gestielt. Oogonschnabel nicht oder nur leicht gekrümmt (Fig. 7: 9) . . . . **8. Sekt. Acrandrae** (S. 126) (2 bisher nur aus Nordamerika bekannte Arten)
4a Antheridium nicht oder kaum gestielt (Fig. 7: 5–7, 10, 16–19) **5**
4b Antheridien stets deutlich gestielt (Fig. 7: 11–15, 20; Fig. 7: 21–25) **8**
5a Antheridien und Oogonien dem Tragfaden seitlich ansitzend, oder Antheridien zu mehreren auf einem meist durch eine Querwand vom übrigen Thallus getrennten Kurztrieb (einem stützzellosen Androphor), der seitlich an dem die Oogonien tragenden Hauptast entspringt. (Letzteres trifft nur für eine, bisher lediglich aus Japan bekannte Art *V. japonica* zu). (Fig. 7: 5, 6, 7, 10) **6**
5b Antheridien terminal am Mutterfaden entstehend, jedoch oft sekundär durch das sich entwickelnde Oogon oder den sympodial weiterwachsenden Tragfaden in scheinbare Seitenstellung gedrängt (Fig. 7: 16–19) **7**
6a Antheridien ± rotationselliptisch, zitronen-, birn- oder eiförmig, sich

mit einem aus einer Papille hervorgehenden Porus apikal öffnend (Fig. 7: 6 u. 7) . . . . **1. Sekt. Woroninia** (S. 38)

6b Antheridien zylindrisch, in sich größtenteils gerade, jedoch durch eine basale Biegung meist in eine zum Mutterfaden ± parallele Lage gebracht. Die große terminale Öffnung gewöhnlich auf ein benachbartes Oogon gerichtet (Fig. 7: 5) . . . . **2. Sekt. Tubuligerae** (S. 45)

6c Antheridium röhrenförmig, in seiner Längsachse schraubig gedreht (Fig. 7: 10) . . . . **10. Sekt. Contortae** (S. 127)

7a Antheridien ± zylindrisch mit großer endständiger Öffnung auf den Tragfaden zu ± zurückgekrümmt, Oogon seitenständig unterhalb des Antheridiums entstehend. Ei und Oospore zunächst vom Oogon umhüllt bleibend (Fig. 7: 16 u. 17) . . . . **9. Sekt. Pseudoanomalae** (S. 126)

7b Antheridien blasen- oder beutelförmig, die Spermatozoiden werden durch Verquellen der Wand, ohne Bildung einer klar umschriebenen Öffnung freigesetzt. Oogon das Antheridium übergipfelnd, Ei aus dem Oogon frei werdend (Fig. 7: 18 u. 19) . . . . **12. Sekt. Hercynianae** (S. 130)

8a Antheridien am Ende eines zum Tragfaden hin gekrümmten Stieles, beutel- oder blasenförmig, sich nach Verquellen der Wand entleerend, ohne daß eine klar umschriebene Öffnung entsteht, ihre Form daher nur in unreifem Zustande klar erkennbar (Fig. 7: 24–27) . . . . **3. Sekt. Globiferae** (S. 49)

8b Antheridium mit Stiel eine posthorn- oder hakenförmig gekrümmte

8b Röhre bildend. Mit apikaler Öffnung (Fig. 7: 20; Fig. 7: 21–23 . . . **9**

8c Antheridien gerade oder gekrümmt, am Ende bisexueller Kurztriebe («Fruchtäste»), die lateral am Tragfaden entspringen. Apikal hammer- oder kissenartig erweitert und sich dort seitlich mit 2–4 auf Papillen entstehenden Poren öffnend (Fig. 7: 11–15) . . . . **5. Sekt. Anomalae** (S. 102)

9a Antheridium zylindrisch, leicht gekrümmt, am Ende etwas knopfig angeschwollen, im Verhältnis zum Stiel relativ kurz, nach der Entleerung sehr vergänglich. Oogon ohne Andeutung einer Papille oder eines Schnabels, nach der Oosporenbildung vergänglich, Oospore kugelförmig, oder eine in der Längsrichtung etwas zusammengedrückte Kugel, relativ groß. Bei der Reife grün bleibend (Fig. 7: 20) . . . . **11. Sekt. Heeringia** (S. 127)

9b Antheridien röhrenförmig, am Ende nicht knopfig erweitert, einen größeren Teil des Antheridialastes einnehmend und daher stärker gekrümmt. Nach Entlassung der Spermatozoiden zunächst persistierend. Oogon mit Papille oder ± ausgeprägtem Schnabel. Oosporen nicht kugelförmig, sondern bilateralsymmetrisch, im reifen Zustand nicht mehr grün (Fig. 7: 21–23 . . . . **4. Sekt. Corniculatae** (S. 55)

1. **Sektion Woroninia** Solms-Laubach

Bot. Zeit. **25** (1867):366 (als Gattung)

Antheridien in sich gerade, rotationselliptisch, birn- oder flaschenförmig, einzeln oder häufiger in Gruppen auf dem Mutterfaden sitzend. Oogonien kugelig oder rotationsoval, meist einzeln oder nur wenig einander genähert, un- oder kaum gestielt am Tragfaden sitzend, sich wie die Antheridien durch eine apikale Papille öffnend. Oosporen kugelförmig bis schwach rotationsoval. Europäische Formen mit Ausnahme einer polyözischen Art monözisch. Vorwiegend halophile Spezies.

Bestimmungsschlüssel der europäischen Arten

1a Oogon und Antheridium stets paarweise als bisexuelle Gruppe auftretend (Fig. 14: c–g) . . . . **1. V. sescuplicaria** (S. 38)
1b Oogon nicht stets neben einem Antheridium entstehend **2**
2a Die Antheridien finden sich in der Regel gesellig beieinander in anderen Thallusbereichen als die ebenfalls, wenn auch lockerer, zu mehreren stehenden Oogonien. Sie haben ihre größte Breite in der Mitte. Längsachsen der Oogonien und Antheridien senkrecht zum Tragfaden. Polyözische Art . . . . **2. V. dichotoma** (S. 40)
2b Oogonien und Antheridien stehen regellos gemischt am Thallus. Längsachse des Antheridiums, das seinen größten Durchmesser in der basalen Hälfte hat, zum Mutterfaden hin geneigt. Monözische Arten . . **3**
3a Längsachse des Oogons senkrecht zum Tragfaden, Chromatophoren ohne Pyrenoid. Süß- und Brackwasserart . . . **3. V. schleicheri** (S. 42)
3b Längsachse des Oogons mit dem Tragfaden einen spitzen Winkel bildend. Chromatophoren mit Pyrenoid. Halophile Art der Meeresküsten . . . . **V. thuretii**

1. Vaucheria sescuplicaria Christensen 1952, (Fig. 14)
Vaucheria dichotoma f. *arternensis* Rieth 1953.

Monözisch, Oogon und Antheridium dicht nebeneinander eine dem Tragfaden jeweils ungestielt ansitzende bisexuelle Gruppe bildend. Gelegentlich, als Ausnahme auch ein Antheridium zwischen zwei Oogonien (Fig. 14: k) oder mehrere Antheridien bei einem Oogon (Fig. 14: h). Beide Organe ähnlich geformt, jedoch verschieden dick, gerade, rotationselliptisch, sich durch Verquellen einer terminalen Papille öffnend. Oosporen kugelförmig (Fig. 14: f, g). Reif farblos mit braunroten Flecken. Keimung basal an vorgebildeter Stelle (Fig. 14: n). Eine gut charakterisierte, wenig zu morphologischen Abweichungen neigende Art.

Fig. 14. *Vaucheria sescuplicaria.*
a–d Entwicklung eines Sexualorganpaares, es entsteht zuerst das ♂, *e, f* Oogon bei der Eibildung, *g* entleertes Antheridium, Oogon mit reifer Zygote, *h, j, k* anormale Sexualorgangruppen, *i* Befruchtungsöffnungspapille, *m* Variation von Oogonien und

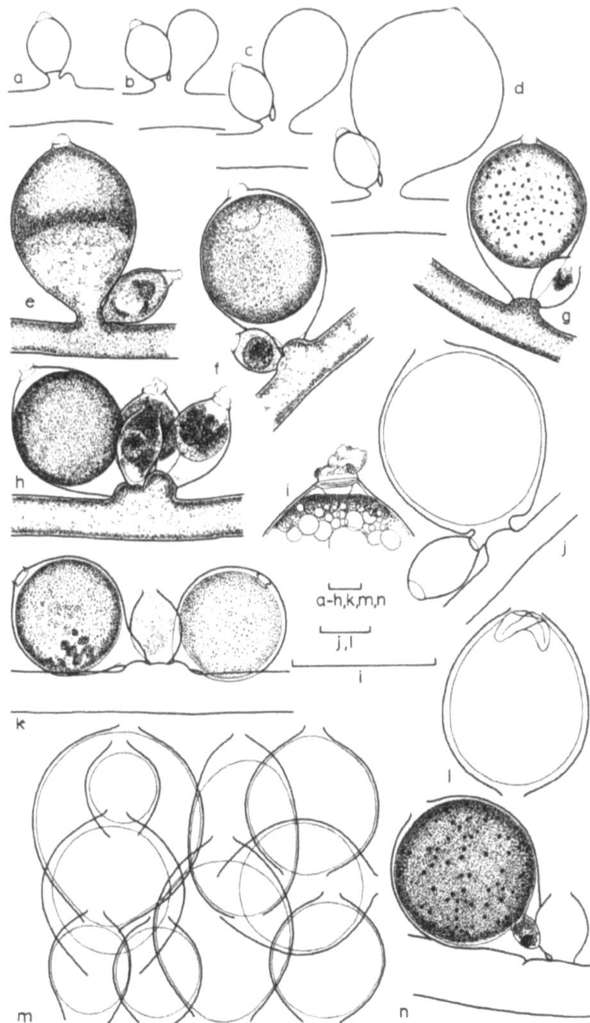

Oosporen nach Form und Größe, *l* Oospore mit Keimscheibe (nach Anfärbung). Die Oospore ist mit dem Basalteil nach oben gezeichnet, *n* keimende Oospore (Original). Die Maßstriche stellen hier und in den folgenden Abbildungen, wenn nicht ausdrücklich etwas anderes angegeben ist, jeweils 50 µm dar.

Maße:

Thallusfaden	D.[1]	25– 50–100 µm		
Antheridium	D.	50– 62– 95 µm		
	L.	74–100–144 µm		
Oogon	D.	116–203–266 µm		
	L.	232 – 290 µm		
Oospore	D.	100–193–250 µm		
	L.	102–200–284 µm		
Spermatozoidengeißeln			a	b
Vordergeißel			6,5– 7,5	8,3– 9,0– 9,7 µm
Hintergeißel			7,0–10,0	11,0–12,2–13,5 µm

a n. Rieth, lichtmikroskopisch
b n. Moestrup, elektronenoptisch

Vorkommen: An Salzstellen der Meeresküsten und des Binnenlandes. Von der Ost- und Nordsee-, sowie der Kanal- und der Mittelmeerküste (Camargue, Neapel), der Küste Mallorcas und Irlands angegeben. Im herzynischen Salzgebiet bei Artern.

Verbreitung: Europa, Nordafrika.

Alle Maßangaben in den folgenden Tabellen sind in µm!

2. Vaucheria dichotoma (L.) C. A. Agardh 1817 (Fig. 15)
(Vaucheria dichotoma (L.) Martius 1817)[2]
Einschließlich *V. starmachii* Kadłubowska in Starmach 1972

Eine lange Zeit als streng diözisch angesehene Art, da Oogonien und Antheridien in der Regel auf verschiedenen Thallusbereichen vorkommen (wobei Bezirke mit ♂ oft einen etwas geringeren Durchmesser der Fäden aufweisen als Bezirke, die ♀ tragen. Nur gelegentlich findet man beide Organe in enger Nachbarschaft an dem gleichen Fadenstück. Klonkulturen aus Einzeloosporen gezogen zeigten jedoch eindeutig, daß sowohl diözische als auch monözische Stämme existieren, die Art also polyözisch ist. Oogonien rotationselliptisch bis nahezu kugelförmig, meist mit größerem Abstand voneinander, seltener in kleinen Gruppen seitlich, ungestielt am Tragfaden sitzend, dünnwandig, Längsachse senkrecht zum Mutterfaden. Antheridien im Profil länglich-elliptisch bis bauchig, sehr gesellig, oft dicht geschart, ebenfalls ungestielt und senkrecht abstehend am Thallus sitzend. Zuweilen die randständigen dichter Gruppen etwas schräg nach außen von der Senkrechten abweichend (Fig. 15: e). Wand bei manchen Populationen ziemlich derb, sonst dünn. Oogonien und Antheridien öffnen sich durch Vergallertung einer apikalen Papille mit einem kreisrunden Porus. Oosporen das Oogon erfüllend, gelegentlich, bei kugeliger Form, apikal und basal einen Freiraum lassend, in der Regel kugel- oder fast kugelförmig, apikal zuweilen mit einem kleinen Spitzchen, bei der Reife farblos mit gelbroten, auf der

[1] D = Durchmesser
L = Länge

[2] Da die Arbeit von Martius 10 Tage vor der Publikation Agardh's datiert ist, wäre abweichend vom bisherigen Gebrauch so zu zitieren.

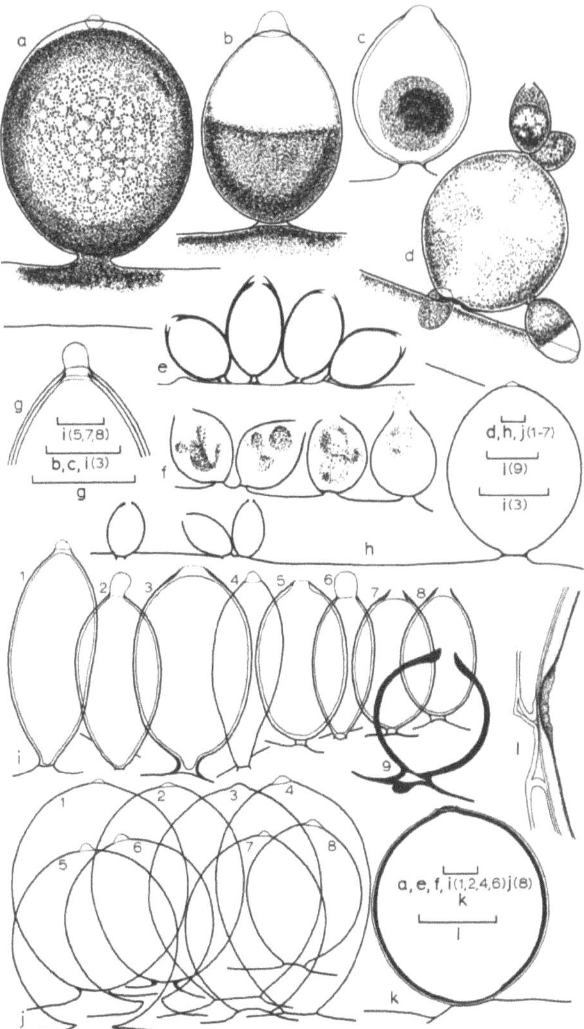

Fig. 15. *Vaucheria dichotoma.*
a Oogon, *b* junges Antheridium, *c* Antheridium mit Restkörper, *d* Anomalie, ♂ auf ♀ sitzend, *e, f* Gruppen von ♂, *g* Antheridium, Öffnungspapille, *h* Zwittriges Fadenstück mit 3 ♂ und 1 ♀, *i* 1–9. Antheridienformen, *j* Oogon- und Oosporenformen, *k* Oogon mit Zygote, *l* Schnitt durch die Keimporusregion von Oospore und Oogon (Original).

Oberfläche diffus verteilten, basal aber etwas dichter stehenden Flecken. Wand dreischichtig, relativ dünn. Keimung basal an einer durch Färbung nachweisbaren vorgebildeten Stelle (Fig. 15: l; Fig. 9: 5).

Maße:

(Da es sich erwies, daß die Größen vom Salzgehalt des Standortes beeinflußt werden und in ihren Maßen verschiedene Populationen vorkommen, ist die üblicherweise allein gegebene Gesamtvariationsbreite der Größenwerte etwas irreführend. Wir führen daher an: die Maße einer Population aus der Tiefe eines oligotrophen Sees (I) und einer Herkunft von der Ostseeküste (II), die zusammen etwa die in der Literatur zu findenden Grenzwerte ergeben).

		I	II
Thallusfaden	D.	95–175–280	50– 95–130
Antheridium	D.	95–125–200	60– 80–125
	L.	125–170–270	90–110–160(–195)
Oogon	D.	295–375–440	–
	L.	350–440–550	–
Oospore	D.	295–360–410	215–280–325
	L.	345–425–520	245–315–385
Antheridium	L/D	1,00–1,35–1,40–1,75	1,16–1,40–1,75
Oogon	L/D	0,95–1,15–1,20–1,40	1,00–1,13–1,28 (–1,37)

Infraspezifische Gliederung

Nach der Zugehörigkeit zu verschiedenen Fortpflanzungssystemen finden sich innerhalb der polyözischen Art zwei Formen:

1. Monözische Pflanzen . . . . f. **monoica**
   (als eigene Art, *V. starmachii* Kadłubowska 1972 beschrieben)
2. Diözische Pflanzen . . . . f.**dioica**

Vorkommen: Die Art hat ein weites ökologisches Spektrum, sie kommt sowohl in reinem Süßwasser vor, in der Tiefe (bis 20 m, «Nitello-Vaucherietum dichotomae») oligotropher, und weniger tief in eutrophen Seen, ist dort eine Stillwasser- und Schattenpflanze, als auch an Salzstellen des Binnenlandes und im Brackwassergebiet der Meeresküsten. Alle diese Herkünfte gedeihen jedoch auch schattig gehalten in Kulturlösungen mit nur 0,34% Salzgehalt.

Verbreitung: Europa, Asien (Westindien, Tibet), Nordafrika, Bermudainseln, Südamerika. (Für Nordamerika n. Blum nicht gesichert). Australien.

3. **Vaucheria schleicheri** De Wildeman 1895 (Fig. 16: m–p)

Vaucheria nicholsi Brown 1937

Monözisch, Thallus wenig verzweigt, Pflanzen ± aufrecht, basal gelegentlich mittels rhizoidähnlicher Bildungen festsitzend. Oogonien kugel- bis fast kugelförmig, ungestielt, mit der Längsachse senkrecht zum Tragfaden zu 1–2 (–3) im oberen Teil der Fäden zu finden, mit kreisförmigem apikalen Porus. In der Regel basalwärts unter den Oogonien mehrere (2–4) einander genähert sitzende, flaschenförmige bis etwas unregelmäßig ellipsoidische Antheridien, die basal die stärkste Anschwellung zeigen. Längsachse zum Mutterfaden hin (und zugleich ± auf die Oogonien zu) geneigt bis ihm parallel. Öffnung durch papillenartige Vergallertung und dann Auflösung ei-

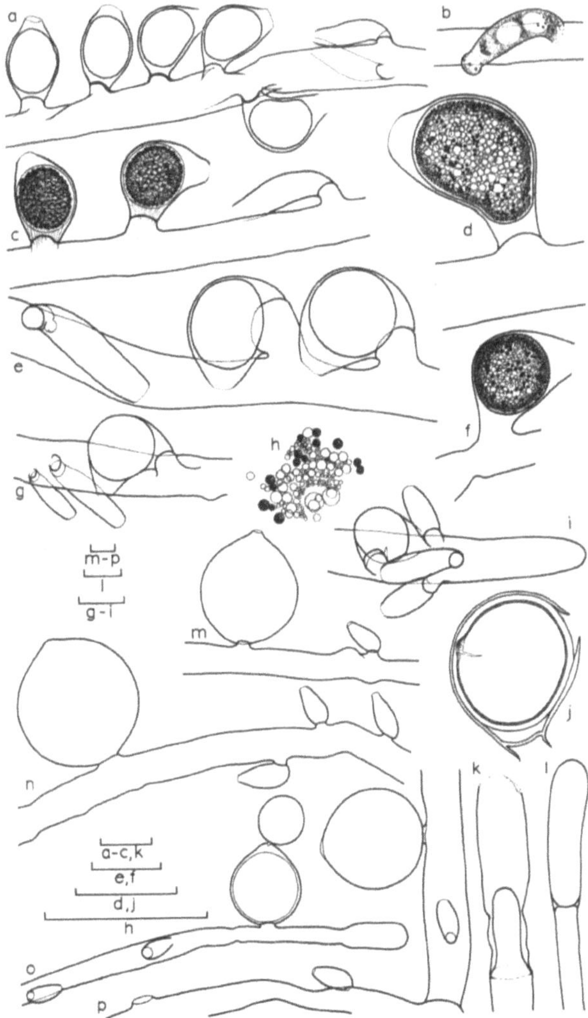

Fig. 16. *Vaucheria ornithocephala (a–l); Vaucheria schleicheri (m–p).*
a 5 Oogonien mit Oosporen und 2 entleerte Antheridien, *b* junges ♂, *c, e, g, i* Fadenstücke mit ♀ und ♂ in verschiedener Anordnung; *d, f* Oogon mit reifer Zygote, *h* Verteilung der roten Pigmentkugeln in den Pigmentflecken der reifen Zygote (schwarz gezeichnet), *j* Oospore mit Keimrißstelle vom Oogon umschlossen (nach Färbung), *k* und *l* Aplanosporenbildung, *m, n, o, p* Thallusstücke mit ♂ und ♀ (Original).

ner kreisförmigen apikalen Wandstelle. Oosporen das Oogon ganz oder fast ganz erfüllend.

Maße:

(Es werden die Werte für drei Populationen (n. De Wildeman, Lauterborn und Rieth), sowie die bisher angegebenen Extremwerte aufgeführt).

Thallusfaden	D.	120–180	160–220	33–101,5	33–220
Antheridium	D.	47–80	55– 60	34– 67,5	34– 80
	L.	40–170	115–120	70–135	62–176
Öffnungs-	D.	18	–	7,8– 15,5	7,8–22
Oogon	D.	280–340	320–360	190–286	180–360
	L.	–	–	200–299	200–299

Vorkommen: In mehr oder weniger stillen Abschnitten klarer, pflanzenreicher, fließender Gewässer, an von hoher Vegetation freien Stellen auf Schlick und Sand, 0,8–3,5 Meter unter der Wasseroberfläche. In Seen bei 18–20 Meter Tiefe gefunden, aber keine ausgesprochene Tiefenart, denn sie fand sich auch nur 0,2 Meter tief, oder im Spülsaum und selbst in wassergefüllten Huftritten nasser Uferweiden. Auch im Brackwasser (bei 0,5–0,6 % Salzgehalt) vorkommend. Oft größere Flächen bedeckende Teppiche bildend. Sexualorgane im Juli/August gefunden.

Verbreitung: Nicht häufig, an einzelnen Orten in West- (z. B. Oberrheingebiet) und Nordeuropa, Nordamerika und Japan.

Nur marin:

Vaucheria thuretii Woronin 1869, Bot. Zeitung **27** (10) (1869):157–160. (*Vaucheria velutina* C. A. Agardh 1824, Systema Algarum. Lundae 1824, S. 312). Die von Agardh l.c. ohne Abbildung gegebene unklare Beschreibung kann mich nicht veranlassen den auf einer zweifelsfreien, ausgezeichnet illustrierten Darstellung gegründeten Namen Woronin's aufzugeben. In Küstengebieten wohl weltweit vorkommend.

V. submarina Berkely sensu de Wildeman 1897, Ann. Jard. Bot. Buitenzorg I. suppl. Leide 1897: 74–76, Taf. XIX. (Westeuropa, Schwarzes Meer, Kanada, Asien [Java]). *V. dichotoma* nahestehend, in den Maßen jedoch kleiner, die kugelige Oospore das Oogon nicht erfüllend.

Aus Europa bisher nicht bekannt sind:

V. mayyanadensis Erady 1954, Phytomorphology **4** (1954):329–334 (Indien). Halophil.

V. prescotti Islam 1965, Proc. Pak. Acad. Sci. **2** (1) (1965):49, 50 (Pakistan). Halophil.

V. japonica Yamagishi 1963, J. Japanese Bot. **38** (1963):267–270 (Japan, marin).

V. constricta Yamada 1932, J. fac. Sci. Hokkaido Imp. Uni. Ser. V, Bot. **1** (1932):109–123 (Japan, marin).

V. karnaphulii Islam 1978, Bangladesh J. Bot. **7** (1) (1978): 13–16 (Bangladesh). Halophil.

2. Sektion Tubuligerae Walz, 1866

Jahrb. wiss. Bot. **5** (1866):144

Antheridien länglich zylindrisch, vor der Entleerung apikal abgerundet, meist sitzend, zuweilen kurz gestielt, in eine dem Mutterfaden ± parallele Position, meist in Richtung auf das oder die Oogonien zu gebogen, sich terminal öffnend. Oogonien etwa schief eiförmig, in der Regel mit Schnabel, «vogelkopfartig» geformt, größter Durchmesser in der Mitte, schräg zur Tragfadenlängsachse gerichtet, gelegentlich ihr zugeneigt. Oosporen kugel- oder fast kugelförmig und das Oogon nicht ganz erfüllend (Ausnahme: die bisher nur aus Nordamerika bekannte *V. jonesii* mit länglich-ovalen Oosporen).

Bestimmungsschlüssel der europäischen Arten

1a Oogonschnabel ± gerade, Oosporen die Oogonwand berührend, Antheridien öfter zu zweien gegenständig (bilateral) am Tragfaden . . . . **4. V. ornithocephala** (S. 45)

1b Oogonschnabel ± hakenförmig gekrümmt, Oosporen im Oogon «schwebend», d.h. die Wand nicht berührend, Antheridien nicht zu zweien gegenständig, nur unilateral am Tragfaden . . . . **5. V. aversa** (S. 46)

4. Vaucheria ornithocephala C. A. Agardh 1817 (Fig. 16: a–l; 17: a)
(Vaucheria fontinalis (L.) Christensen 1968)
Vaucheria polysperma Hassall 1843

Monözisch, Fäden relativ dünn, reich und oft unter einem Winkel von etwa 90° verzweigt. Antheridien lang zylindrisch, sehr kurz gestielt, im größten Teil der Länge gerade oder fast gerade, durch Krümmung in der Basalregion oder/und des Stielchens in eine mehr oder minder zum Mutterfaden parallele Lage gebracht, mit dem zur Öffnung zu nur wenig verschmälerten Apikalende zum nächsten Oogon hin gewendet. In der Regel ein oder zwei (oft gegenständige) Antheridien an beiden Enden einer aus bis zu 6 (meist 2–4) in Reihen angeordneten Oogonien bestehenden Gruppe. Oogonien «vogelkopfartig» gestaltet, ± ausgeprägt schräg zum Tragfaden stehend, zuweilen ihm sogar zugeneigt, Schnabel seitlich gerichtet, oft alle Schnäbel einer Gruppe in die gleiche Richtung weisend. Einzelne Oogonien (vorwiegend die mittleren einer Gruppe) auch aufrecht, fast radiärsymmetrisch. Oosporen kugelig oder eiförmig und die Oogonien bis auf einen apikalen und einen basalen Bereich erfüllend. Bei der Reife farblos mit diffus verteilten roten Pigmentflecken. Oosporenwand relativ dünn, zweischichtig (eine dritte Schicht liefert die Oogonwand). Vorgebildete Keimrißstelle lateral. Vegetative Vermehrung durch Synzoosporen, bzw. Aplanosporen.

Die Art tritt in etwas verschiedenen Ausbildungen auf, diese erweisen sich jedoch bei Untersuchung eines größeren Materials durch Übergänge verbunden, können nicht scharf getrennt werden. Die «Formen» stellen lediglich in den einzelnen Populationen mehr oder minder vorherrschende Tendenzen in der einen oder anderen Richtung dar.

Maße:

(Gegeben werden die Werte einer an Kulturen genauer untersuchten Population und die Kombination mit in der Literatur zu findenden Extremwerten)

Thallusfaden	D.	18,0–27,0–44,0	15– 75
Antheridium			
größter	D.	18,0–26,0–34,0	16– 35
D. an Trennwand		13,0–18,0–26,0	–
	L.	(39,0–)52,0–86,0–104,0	39–106
Öffnungs-	D.	13,0–15,5–18,2	–
Oogon größter	D.	47,0–58,5–67,5	40–150
D. an Trennwand		13,0–22,0–34,0	–
	L.	(57,0–)62,5–78,0–99,0	57–225
Öffnungs-	D.	10,5–17,0–23,5	–
Oospore	D.	47,0–58,5–67,5	41– 88
	L.	54,5–67,5–80,5 (–99,0)	44– 99
Antheridium	L/D	(1,84)2,25–3,05–4,00(4,45)	–
Oogon	L/D	1,09–1,37–1,69	–
Oospore	L/D	1,00–1,17–1,39 (1,69)	–

Vorkommen: Als weiche Polster am Grunde kühler, fließender Gewässer, im Frühjahr, aber auch in stehendem und flachem Wasser, auf Erde, in Brunnentrögen und auf Reisfeldern gefunden, vereinzelt für Brackwasser angegeben.

Verbreitung: Europa, Asien (China, Japan, Indien), Nordamerika, Nordafrika (?).

5. Vaucheria aversa Hassall 1843 (Fig. 17: b–h; Fig. 17a)

Antheridien röhrenförmig, vorwiegend sitzend, gerade nur durch eine basale Krümmung oder schrägen Ansatz am Mutterfaden in eine zu diesem parallele Lage gebracht, nur einseitig, nie zu zweien gegenständig am Thallusfaden. Längsachse des Oogons in typischer Ausbildung von der Basis bis zum Schnabelende etwa einen ¾ Kreis beschreibend, Schnabel daher in diesen Fällen stark zurückgekrümmt und mit der Mündung zur Oogonbasis zeigend. Oogonwand meist eine feine ± parallele, zur Basis gerichtete Streifung aufweisend (Fig. 17: f, g). Die Sexualorgane in Gruppen stehend, entweder (bei manchen Vorkommen in der Regel) aus je einem ♂ und einem ♀, die einander zugewandt sind zusammengesetzt, oder ein Oogon zwischen zwei ihm zugekehrten Antheridien, seltener eine Gruppe von 2–3 Oogonien (Heering schreibt bis zu 6, ich habe nie mehr als 4, und das nur ausnahmsweise, gesehen) von zwei Antheridien eingerahmt. Oosporen kugelig bis rundlich oval, fast stets im Oogon «schwebend», d.h. die Wand nicht berührend. Bei der Reife blaß gelblichbraun mit diffus verteilten roten Pigmentflecken, vom Oogon umschlossen abfallend.

In dieser Ausprägung ist die Art gut charakterisiert. Es finden sich jedoch Populationen, die der vorigen Spezies ähneln und zuweilen etwas schwierig eindeutig zuzuordnen sind. In diesen Fällen ist das Oogon weit weniger ge-

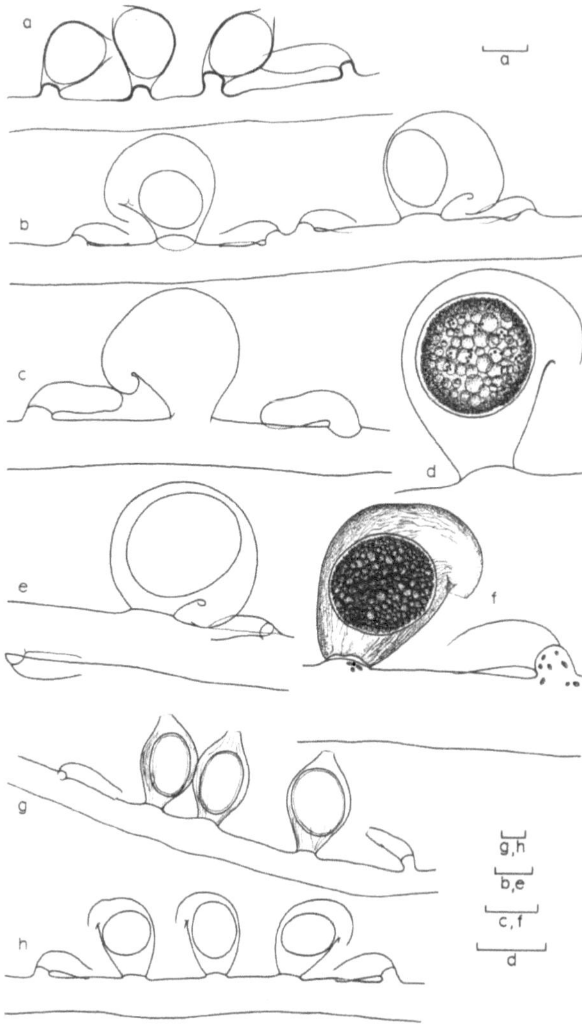

Fig. 17. *Vaucheria ornithocephala (a)* und *Vaucheria aversa (b–h)*.
b, c, e, g, h Thallusstücke mit ♂ und ♀ in verschiedener Anordnung *(c* junges Stadium), *d, f* Oogon mit reifer Zygote (Original).

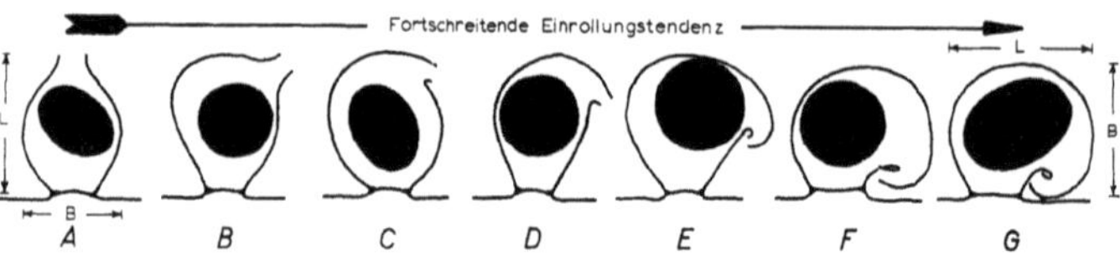

Fig. 17 a. Variation der Oogonstellung bei *Vaucheria aversa* (n. Rieth 1963).

krümmt, seine Achse beschreibt nur ½ bis ¼ Kreis, ja sie kann in Extremfällen fast ganz gerade sein und senkrecht zum Tragfaden stehen. Das Oogon ist dann rotationssymmetrisch, der Schnabel nicht gekrümmt. (Fig. 17: g). Da sich Übergangspopulationen finden, die zwischen diesen Formen und der «typischen» Ausbildung vermitteln, ist es nicht angebracht, eine infraspezifische Gliederung der Art vorzunehmen. Als differentialdiagnostische Merkmale können dienen: die berührungsfrei «schwebende» Oospore, die Streifung des Oogons und die unilaterale Anordnung der Antheridien.

Maße:

(Gegeben werden die Werte einer «typischen» und einer «abweichenden» Population nach Kulturen, sowie eine Kombination mit Extremwerten nach der Literatur).

Thallusfaden	D.	31– 52– 81	36– 64– 94	31–131
Antheridium	D.	18– 27– 31	21– 39– 47	18– 47
	L.	47– 56– 75	75– 99–130	42–130
Oogon	D.	83–124–166	88–120–148	83–220
	L.	88–126–172	135–170–221	88–231
Oospore	D.	55– 78–114	81–101–122	55–122
	L.	65– 86–122	96–116–140	65–140
Oogon	L/D	(0,55)0,75–1,02–1,30(1,58)	1,11–1,41–1,68	
Oospore	L/D	(0,82)0,97–1,12–1,48	1,00–1,12–1,51	

Vorkommen: Feuchte schattige Waldwege und quellige Stellen in Laubwald, in stehenden und schwach fließenden Gewässern, Kanälen, Bewässerungsgräben, kleinen Tümpeln, bis 3625 m Höhe gefunden. Im Frühjahr und Sommer mit Sexualorganen.

Verbreitung: Europa, Asien (Indien, China, Japan), Nordamerika und Alaska, Südamerika, Neuseeland.

Aus Europa bisher nicht bekannt sind:

V. jonesii Prescott 1938, Trans. Am. Micr. Soc. **LVII** (1) (1938):4. (Nordamerika).

V. globulifera W. et G. S. West 1907, Ann. Roy. Bot. Garden, Calcutta **VI** (1907):184–185. (Burma).

V. bilateralis Jao 1936, Sinensia **7** (1936): 737–738. (China). (dürfte nur eine Form von *V. ornithocephala* sein!)

3. **Sektion Globiferae** Heidinger 1908

Ber. Deutsch. Bot. Ges. **XXVI** (1908): 360

Charakterisiert durch ein beutel-, blasen- oder säckchenförmiges ± gestieltes, bei der Reife sich nicht durch eine scharf begrenzte Öffnung, sondern durch Verquellen der Wand entleerendes und daher nach der Reife nur rudimentär persistierendes Antheridium. Oogon sitzend, seine von der Basis zum deutlich ausgeprägten Schnabel verlaufende Achse etwa ¼ Kreisbogen beschreibend, größter Durchmesser (etwas ungenau «Länge» genannt) parallel zum Tragfaden liegend. Oosporen oft mit ornamentierter Wand, das Oogon erfüllend. Sexualorgane in fast ausschließlich ein Oogon und ein Antheridium umfassenden Gruppen.

Die Berechtigung der Sektion, von Heidinger ohne nähere Diagnose für *Vaucheria pachyderma* aufgestellt, ist nicht unbestritten, da die Antheridienausbildung innerhalb der zugerechneten Arten nicht bei allen Populationen der oben gegebenen Definition entspricht. Es treten, bei sonstiger Übereinstimmung Formen auf, deren Antheridien samt Stiel posthornartig eingekrümmt, röhrenförmig sind und so einen Platz in der Sektion Corniculatae rechtfertigen würden. Heidinger muß dies bekannt gewesen sein, denn die var. *islandica* von *V. pachyderma* zeigt eine derartige Antheridienform, er schließt sie aber, ohne diese Schwierigkeit für eine Sektionsdiagnose zu diskutieren, in die Sektion ein. Blum 1972 gibt die Sektion auf und stellt *V. prolifera* zur Sektion Anomalae, *V. pachyderma* aber zur Sektion Corniculatae. Letzteres aber m. E. unter Verkennung der Antheridienstruktur dieser Art.

Ich halte die Sektion für gut charakterisiert, ziehe aber die «anstößige» var. *islandica* von *V. pachyderma*, einschließlich ihrer f. *crassioribus* zu *Vaucheria borealis* in die Sektion Corniculatae.

Bestimmungsschlüssel der Arten

1a Antheridien seitlich am Faden entstehend, Oogonwand ornamentiert, Oosporenwand punktiert, derb. Oospore in der Regel das Oogon, einschließlich des Schnabels erfüllend . . . . **6. V. pachyderma** (S. 49)

1b Antheridien stets terminal am Faden entstehend (sekundär durch sympodiales Weiterwachsen des Fadens in Seitenstellung gedrängt), Oogonwand glatt, Oospore in der Regel den Oogonschnabel nicht erfüllend . . . . **7. V. prolifera** (S. 51)

6. Vaucheria pachyderma Walz 1865[1] (Fig. 18) *Vaucheria dillwynii* (Web. et Mohr) C. A. Agardh 1812 (?)

---

[1] Ich bezeichne die Art mit dem ihr von Walz gegebenen Namen, da dieser Autor als erster eine eindeutige Darstellung des charakteristischen Antheridiums gab, während Beschreibung und Abbildung für *V. dillwynii* so mangelhaft sind, daß es wie bereits Børgesen betont «unmöglich ist, zu erkennen ob sie mit dieser Art identisch sind oder nicht!»

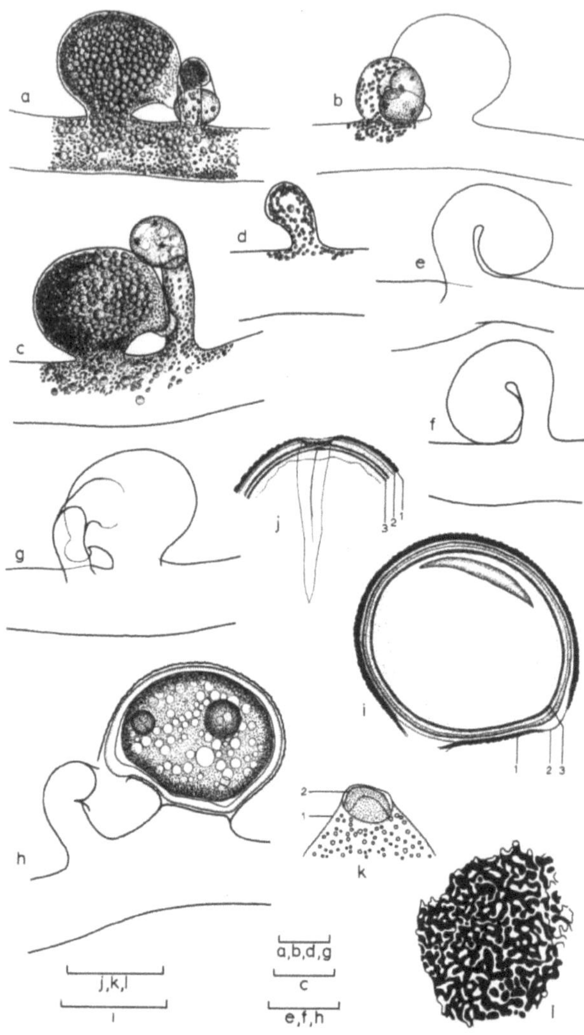

Fig. 18. *Vaucheria pachyderma.*
a–c Aus ♂ und ♀ bestehende Gruppen junger Sexualorgane, *d–f* junge ♂, *g* ältere Sexualorgangruppe mit entleertem Antheridium, *h* Oogon mit reifer Zygote, *i, j* reife Oospore und Keimrißanlage, 1 Oogonwand, 2 äußere Oosporenwandschicht mit Punktierung, 3 innere Oosporenwandschicht. Die Oogonwand trägt ein Mäandermuster (*l.*), *k* durch die Befruchtungsöffnung des Oogons (1) ragende punktierte Zygotenwand (2) (Original).

Monözisch, Antheridium der typischen Form, wie sie augenscheinlich Walz vorlag, kugelig bis blasenförmig am Ende eines ± senkrecht vom Mutterfaden abstehenden, apikal hakenartig umgebogenen Stieles hängend, bei der Reife vergänglich (eine klare Vorstellung dieser Antheridienausbildung läßt sich nur an lebendem, bei der Präparation sorgfältig behandeltem Material in geeignetem Entwicklungszustand gewinnen). Sexualorgane fast stets paarig, in aus einem Oogon und einem Antheridium bestehenden Gruppen, beide Organe meist in gleicher Richtung gekrümmt. Nur ausnahmsweise ein Antheridium zwischen zwei Oogonien stehend. Oogon mit Schnabel in sich so gebogen, daß eine von der Basis, der Mitte der Trennwand zum Mutterthallus, durch den Schnabel ziehende Achse ¼ Kreisbogen beschreibt und die größte Erstreckung in Richtung parallel zum Tragfaden liegt. Oogonwand mit retikulater bis mäanderähnlicher Ornamentierung. Oospore das Oogon einschließlich des Schnabels erfüllend, Wand derb, mehrschichtig, äußere Schicht punktiert. Oospore bei der Reife bräunlich mit einigen gelbbraunen bis braunen Flecken. Keimrißstelle in der Regel dorsal.

Maße:

(Gegeben werden die Werte einer an Kulturen genauer untersuchten Population und die in der Literatur enthaltenen Extremwerte).

Thallusfaden	D.	20–48–78	35–123
Antheridium	D.	40–64	–
	L.	48–95	–
Oogon	D.	(65) 72,5–95,0–117,0	60–160
	L.	(82,5) 95,0–117,5–140,0 (150,0)	69–220
Oospore	D.	70–96	bis 145
	L.	80–125	bis 180
Oogon	L/D	1,14–1,27–1,37	

Vorkommen: Vorwiegend terrestrisch auf kultivierter Erde von Äckern und Gärten, auf Blumentöpfen, seltener in flachen Tümpeln und in Gräben (mit Regenwasser). (Die Art soll auch in Brackwasser vorkommen?).

Verbreitung: Europa, Asien (China, Japan, Hinterindien), Nordamerika mit Alaska, Südamerika, Neuseeland, Kerguelen I., Nordafrika.

7. **Vaucheria prolifera** Dangeard 1939 (Fig. 19)

Monözisch, Antheridien kurz, säckchenförmig, sitzend bis kurz gestielt oder ± zylindrisch und stark gekrümmt. Typisch für die Art ist die Tatsache, daß das Antheridium stets terminal am Thallusfaden entsteht, aber dessen Wachstum nicht beendet, sondern nur zeitweilig unterbricht. Er setzt seine Entwicklung dann sympodial mit einem Seitenast unter dem Antheridium, das dadurch in scheinbare Seitenständigkeit kommt, fort. Antheridium nach rückwärts entgegen der Wachstumsrichtung des Tragfadens gewendet, wo in einiger Entfernung, subterminal, das mit seinem deutlich ausgeprägten Schnabel ihm entgegengerichtete Oogon sitzt. Wie bei *V. pachyderma* weist die Basis und Schnabel verbindende Längsachse eine Viertelkreiskrümmung auf, der größte Durchmesser von Oogon und Oospore liegt parallel zum Mutterfaden. Oogonwand relativ dünn. Die Sexualorgane fin-

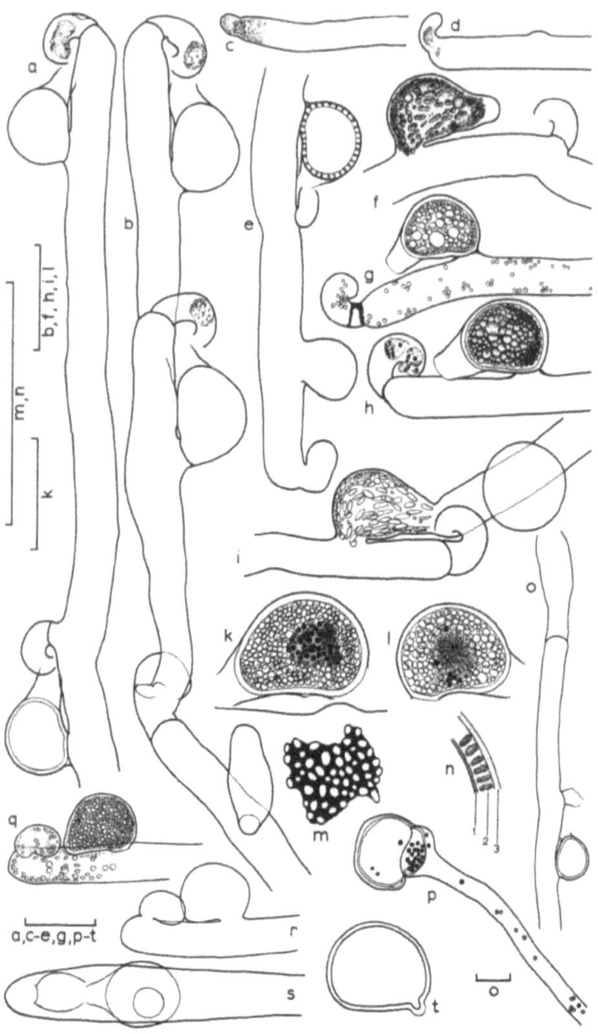

Fig. 19. *Vaucheria prolifera.*
a–d, f–l, p var. *prolifera,* f. *corniculata, q–s* var. *prolifera, e, m, n,* var. *reticulospora. a* und *b* Habitus, *c, d* sich entwickelndes Antheridium der f. *corniculata, i* vegetativ durchgewachsenes Oogon, *m, n* Wandornamentierung der var. *reticulospora, m* in Aufsicht, *n* im Querschnitt, *o* Aplanosporangium mit ausgetretener Spore, *p* Keimung der Zygote (Original).

den sich stets paarweise, ein Antheridium neben einem Oogon. Die Oospore erfüllt das Oogon mit Ausnahme des großen Schnabels völlig. Reife Oosporen farblos mit in der Mitte konzentrierten gelbroten bis roten kugeligen Pigmentpartikeln, vom Oogon umschlossen abfallend. Die Keimung erfolgt in der Regel ventral.

Infraspezifische Gliederung

Innerhalb der Art finden sich Populationen mit etwas verschiedener Ausbildung der Antheridien und der Oosporenwand, sie stimmen in den Größenverhältnissen jedoch weitgehend überein. Es kann folgende Gliederung als Grundlage weiterer Untersuchungen vorgenommen werden:

Bestimmungsschlüssel der infraspezifischen Taxa

1a Oosporenwand ornamentiert . . . . var. **reticulospora**
1b Oosporen glattwandig **2**
2a Antheridien vorwiegend rundlich, säckchenförmig . . . . var. **prolifera**
2b Antheridien vorwiegend parallelwandig, hornartig gekrümmt . . . . var. **prolifera** f. **corniculata**

Vaucheria prolifera Dangeard var. **prolifera** (Fig. 19: q–s)

Antheridium rundlich säckchenförmig, Längsachse nicht oder nur leicht gekrümmt, Oosporenwand glatt.

Maße:

(Es werden die Werte einer genauer untersuchten Population aus Kuba, sowie die in der Literatur verzeichneten Grenzwerte angeführt).

Thallusfaden	D.	10,5–27,0–47,0	18–28
Antheridien	D.	15,5–21,0–26,0 (–31,0)	9
	L.	21,0–34,0–44,0	12
Oogon	D.	36,5–45,5–57,0 (–62,5)	32–45
	L.	54,5–62,5–78,0	35–55
Schnabel	L.	1,3–9,5–20,8	
Oospore	D.	Siehe Oogon!	
	L.	47,0–54,5–65,0	
Antheridium	L/D	(1,0–) 1,2–1,5–1,7 (–2,1)	
Oogon	L/D	1,21–1,40–1,57 (–1,73)	
Oospore	L/D	1,09–1,22–1,39	

Vorkommen: Auf feuchter Erde in Gärten und auf Wegen. Angeblich auch an brackigen Stellen (Louisiana, Nordamerika).

Verbreitung: Mittel- und Westeuropa, Nordamerika, Kuba, Nordafrika.

Vaucheria prolifera var. **prolifera** f. **corniculata** Rieth 1978 a (Fig. 19: a, b)

Antheridium hornförmig, seine Längsachse stark gekrümmt. Oosporenwand glatt.

Maße:

(Nach Kulturen einer Population aus dem Harz)

Thallusfaden	D.	13,5–23,5–36,5[1]
Antheridium	D.	13,5–17,5–26,0
	L.	28,5–36,5–44,0
Oogon	D.	31,0–40,5–52,0
	L.	54,5–66,0–80,5 (–83,0)
Porus	D.	8,0–13,0–18,0
Oospore	D.	Siehe Oogon!
	L.	41,5–52,0–65,0
Antheridium	L/D	1,5–2,0–2,40–2,7
Oogon	L/D	1,37–1,62–1,94
Oospore	L/D	1,12–1,27–1,43

Vorkommen: Auf feuchter Erde am Rande von Regenwasserpfützen auf einem schattigen Waldweg, sehr zart und erst in Rohkulturen aufgefunden. Zusammen mit *V. debaryana.*

Verbreitung: Bisher nur aus Mitteleuropa (Harzgebirge) bekannt.

Vaucheria prolifera var. **reticulospora** Rieth 1978 (Fig. 19: e, m, n)

Antheridien vorwiegend säckchenförmig, Oosporenwand reticulat ornamentiert.

Maße:

(Nach Kulturen einer Population aus dem Harz)

Thallusfaden	D.	13,0–28,5–49,5
Antheridium	D.	10,5–16,5–23,5
	L.	26,0–35,5–47,0
Oogon	D.	36,5–45,5–57,5
	L.	54,5–62,5–73,0
Oospore	D.	Siehe Oogon!
	L.	49,5–56,0–70,0
Antheridium	L/D	1,4–1,6–2,5–3,0
Oogon	L/D	1,15–1,35–1,75
Oospore	L/D	1,05–1,20–1,35 (–1,50)

Vorkommen: Flache Regenwasser-Wegepfütze an lichter Stelle im Fichtenwald. Sehr zarte Einzelfäden, erst in Rohkultur auf Erdstückchen gefunden. Im Frühjahr mit Sexualorganen.

Verbreitung: Bisher nur aus Mitteleuropa (Harzgebirge) bekannt.

Aus Europa bisher nicht bekannt sind:

V. pachyderma Walz var. *chittagonensis* Islam 1965, Proc. Pak. Acad. Sci. *2* (1) (1965): 51. (Pakistan, in einem Teich). Möglicherweise zur Art zu ziehen.

V. pronosperma Islam 1965, Proc. Pak. Acad. Sci. **2** (1) (1965): 51–52. (Hinterindien, auf Lehmerde, Brackwasser (1% Salzgehalt)). Nach den Abbildungen halte ich die Art für eine Form von *V. pachyderma.*

---

[1] In der Sexualorgane tragenden Region gemessen, in jungen noch nicht sexualreifen Stadien bis zu nur 5,2 µm.

4. Sektion Corniculatae Walz 1866

Jahrb. wiss. Bot. **5** (1866): 143–144.
Antheridien am Ende eines deutlich ausgeprägten Stieles dessen terminale Krümmung fortsetzend, so daß der aus Stiel und Antheridium bestehende Seitenast erster Ordnung in ein widderhornartiges Gebilde ausläuft, zylindrisch bis kurz zylindrisch mit terminaler Öffnung. Oogonien ± ungestielt am Tragfaden sitzend oder klar gestielt als Seitenzweige zweiter Ordnung subterminal unter dem Antheridium an den lateralen, bisexuellen «Fruchtästen». Die Befruchtungsöffnung entsteht an einem papillenartig vorgezogenen oder deutlich schnabelartig ausgebildeten Ende des meist bilateralsymmetrischen Oogons. Oospore das Oogon ganz, bzw. bei geschnabelten Formen bis auf den Schnabel erfüllend.

Bestimmungsschlüssel der Subsektionen

1a Oogonien dem Mutterfaden direkt oder nur sehr kurz gestielt, seitlich ansitzend. In der Regel aus einem Antheridium und einem Oogon oder aus einem Antheridium zwischen zwei Oogonien bestehende Sexualorgangruppen (Fig. 7: 21) . . . . Subsekt. **Sessiles** (S. 55)

1b Oogonien zu 1–6 gestielt seitlich im oberen Teil besonderer, einem Tragfaden entspringender, mit einem Antheridium endender, ± langer Kurztriebe (die bisexuelle «Fruchtstände» darstellen) zu finden. Antheridium mit einer terminalen Öffnung (Fig. 7: 22, 23) . . . . Subsekt. **Racemosae** (S. 63)

4.1 Subsektion Sessiles Walz

Jahrb. wiss. Bot. **5** (1866): 144.
Oogonien ungestielt oder nur sehr kurz gestielt, direkt am Mutterfaden neben dem Antheridium, nicht an bisexuellen seitlichen Kurztrieben.

Bestimmungsschlüssel der Arten

1a Die größte Längenerstreckung des Oogons findet sich in zum Tragfaden paralleler Richtung. Die von der Basis zur Befruchtungsöffnung zu ziehende Längsachse ist unter einem Winkel von 90° gebogen, beschreibt ¼ Kreis. Antheridium echt seitenständig am Mutterfaden. (Wenn stets terminal entstehend siehe *V. prolifera* f. *corniculata*). Oogondurchmesser über 100 µm . . . . **8. V. borealis** (S. 56)

1b Die größte Längenerstreckung des Oogons findet sich in einer Richtung, die mit dem Tragfaden einen spitzen bis rechten Winkel bildet, nicht zu ihm parallel verläuft. Die Längsachse ist daher gerade oder weniger als 90° gekrümmt. Oogondurchmesser unter 100 µm . . . . **9. V. sessilis** (S. 58)

8. Vaucheria borealis Hirn 1900 (Fig. 20)

mit *V. borealis* f. *minor* Woronichin 1925 (Woronichin 1923 als var. *minor*)
einschließlich
V. pachyderma Walz var. *islandica* Børgesen 1899
und *V. pachyderma* Walz var. *islandica* Børgesen f. *filis crassioribus* Borge 1930

Monözisch, Antheridien nebst dem oberen Teil ihres Stieles eingekrümmt bis hornartig gewunden, parallelwandig mit relativ weiter apikaler Öffnung. Größter Durchmesser von Oogon und Oospore in Richtung parallel zum Mutterfaden. Oogon andeutungsweise geschnabelt, gelegentlich als Bildungsabweichung etwas am Antheridienstiel hochgerutscht stehend (Fig. 20: m). Sexualorgane fast ausschließlich zu aus einem Antheridium und einem Oogon, die einander zu gekrümmt sind, bestehenden Gruppen angeordnet, selten ein Oogon zwischen zwei Antheridien (Fig. 20: u) oder ein Antheridium zwischen zwei Oogonien. Oogonwand grubig netzartig ornamentiert. Oosporen das Oogon erfüllend, derbwandig, äußere Schicht punktiert getüpfelt.

Die hierher gestellten Formen stehen zweifellos *Vaucheria pachyderma* im Gesamthabitus sehr nahe. Sie unterscheiden sich jedoch deutlich durch das corniculate Antheridium von den *pachyderma*-Formen mit dem sektionstypischen, blasen- bis beutelförmigen, hinfälligen Antheridium, sowie auch im Schwerpunkt ihres Vorkommens, der für *borealis* in Gebirgs- und nördlichen Regionen liegt.

Maße:

(Es werden die Werte aus der Originaldiagnose Hirn's, sowie nach je einer kultivierten Population aus dem Harz und aus Tirol und die Angaben Børgesens aufgeführt. Der letzten Spalte kann die bisher beobachtete Gesamtvariationsspanne entnommen werden. Die Größen, die Borge angibt fallen in den Bereich, über den sich unsere Tirolpopulation erstreckt).

		I	II
Thallusfaden	D.	60–141	(34) 49,5–78–114,5
Antheridium	D.	–	33–55
	L.	–	50–85
Oogon	D.	–	104,0–132,5–156
	L.	–	132–169,0–197,5 (–216)
Oosporen	D.	111–138	Nur geringfügig
	L.	148–163	kleiner als Oogon
Oogon	L/D	–	1,14–1,31–1,47

		III	IV	V
Thallusfaden	D.	52,0–91,0–143,0	80	34–143
Antheridium	D.	23,5–39,0–49,5	40	20–49,5
	L.	–	–	40–91
Oogon	D.	99,0–138,0–174,0	160	66–174
	L.	130,0–176,0–226,0	220	82–226
Oosporen	D.	Nur geringfügig	145	66–145
	L.	kleiner als Oogon	180	82–180
Oogon	L/D	1,03–1,27–1,59	–	–

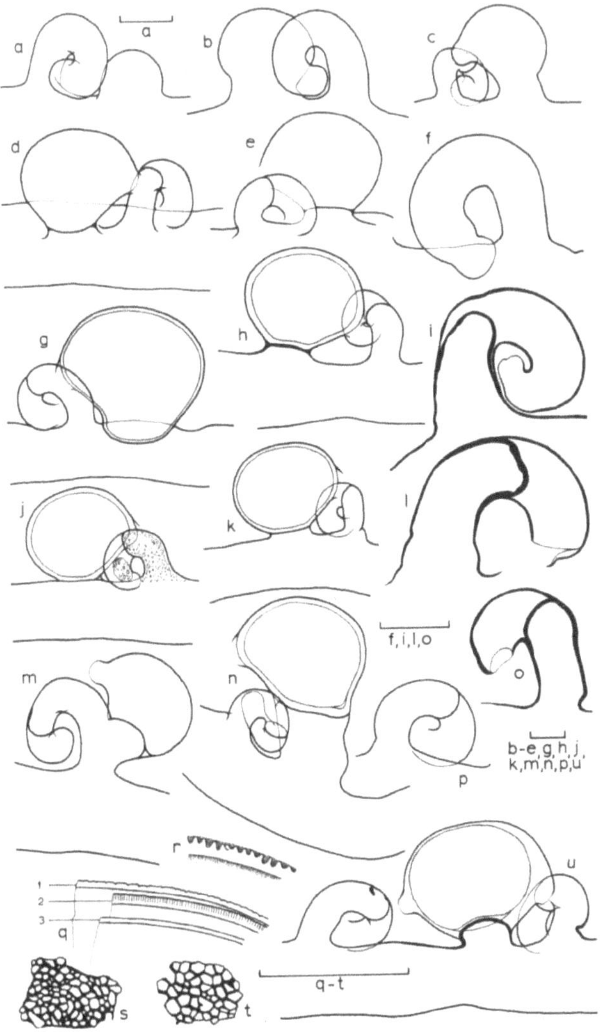

Fig. 20. *Vaucheria borealis. a–c* junges sich entwickelndes Sexualorganpaar, *d, e, g, h, j, k* Habitus «normaler» Sexualorganpaare, *f, i, l, o, p* Antheridienmorphologie, *q–t* Oogonwandstruktur, *m, n, u* abweichend von der Norm ausgebildete Sexualorganpaare, *m* und *n* mit gestieltem Oogon, bei *u* rahmen zwei Antheridien ein zweischnabeliges Oogon ein.

Vorkommen: Auf feuchter Erde an Quellen und Rinnsalen mit Moospolstern, vorwiegend im Gebirge und im Norden, aber auch in Meereshöhe gefunden (Californien).

Verbreitung: Europa ohne Südeuropa, Nordamerika, China

Populationen deren Oogonien bzw. Oosporen unter 140 µm lang sind wurden als f. *minor* Woronichin abgetrennt. Eine scharfe Grenze läßt sich bei diesem Wert, wie die Variationsbreiten der von uns genauer untersuchten Herkünfte zeigen jedoch nicht ziehen.

9. Vaucheria sessilis (Vaucher) de Candolle in de Lamarck et de Candolle 1805 (Fig. 21–23)
(*Vaucheria bursata* (O. F. Müller) C. A. Agardh 1812)[1]

Monözisch, Antheridien deutlich gestielt. Der Antheridialast im basalen und mittleren Teil ± gerade, senkrecht auf dem Mutterfaden stehend, terminal mit dem röhrenförmigen Antheridium zusammen widderhornartig eingerollt. Zuweilen setzt die Krümmung aber auch schon von der Stielbasis an ein, so daß der Anteil den Stiel und Antheridium an der Schnecke haben von Population zu Population in gewissen Grenzen variabel ist. Die Gesamtkrümmung des Antheridialastes kann von einer nur hakenartigen terminalen Biegung bis zur Beschreibung eines vollen Kreises und zu abnormen Bildungen überleitend, sogar eine mehrere Windungen umfassende Schraube darstellen (Fig. 22: g, j). Auch Oogonmorphologie und -stellung variieren innerhalb der Art etwas. So sitzen die Oogonien normalerweise auf dem Tragfaden, ihre Längsachse aber kann von ungekrümmt und senkrecht zum Mutterthallus stehend, bis fast rechtwinklig gebogen sein und der stets, allerdings ± ausgeprägt, vorhandene Schnabel kann entsprechend alle Lagen zwischen senkrecht vom Faden abstehend, in verschiedenem Grade schräg aufwärts, bis fast dem Mutterfaden parallel gerichtet, einnehmen. Im ersteren Falle erweist sich das Oogon zu seiner Längsachse als rotationssymmetrisch, in den übrigen Lagen ist es bilateralsymmetrisch, die Dorsalseite stärker gekrümmt als die Ventralseite. Oosporen die Oogonien ganz – gelegentlich mit Ausnahme eines meist wenig auffallenden Schnabelraumes erfüllend. Bei der Reife farblos mit rotem bis braunrotem Zentralfleck. Der Keimriß entsteht ventral. Die Sexualorgane sind in Gruppen angeordnet, die entweder aus einem Antheridium zwischen zwei ihm zugeneigten Oogonien, oder aus einem Antheridium und einem zugehörenden Oogon bestehen. Bei den einzelnen Populationen unterschiedlich ausgeprägt ist die Neigung zur Anlage ± koralloid gestalteter Haftorgane. Synzoosporenbildung häufig und auch leicht experimentell auslösbar.

Vaucheria sessilis ist wohl die häufigste und verbreitetste Art der Gattung und fand daher entsprechende Beachtung. Dies führte in Verbindung mit der geschilderten Plastizität dazu, daß in dem hierher gehörenden Formen-

---

[1] O. F. Müller hat 1779 ein «Beutelmoos» beschrieben und 1788 «*Conferva bursata*» benannt. Die Schilderung einschließlich der wenig aussagekräftigen Figur sind von historischem Interesse, können mich aber nicht veranlassen den seit langem eingebürgerten und absolut eindeutigen Namen «*sessilis*» zugunsten von «*bursata*» aufzugeben.

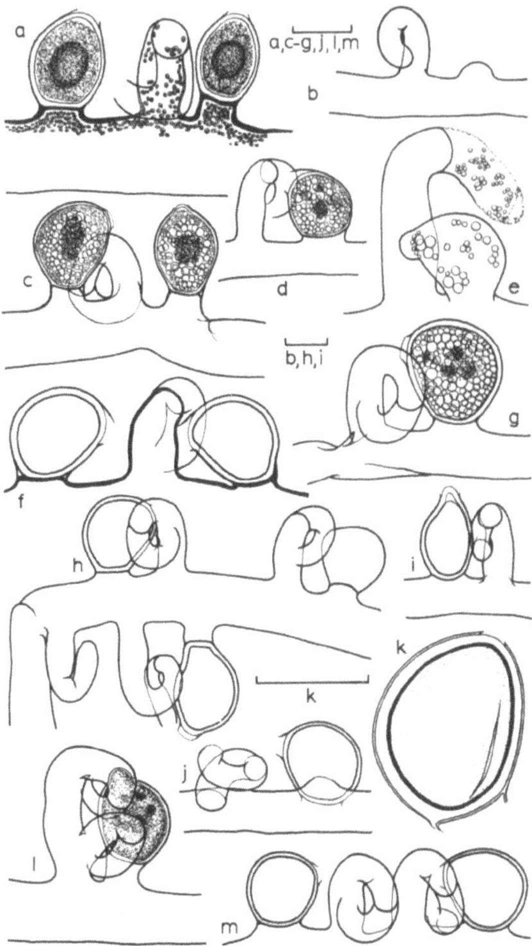

Fig. 21. *Vaucheria sessilis. a, c–j, m* Habitus der Sexualorgane, *b* junges Antheridium mit Oogoninitiale, *k* Oogon mit Oospore, Keimriß, *l* Sexualorganpaar mit gegabeltem Antheridialast (Original).

kreis eine Reihe von Taxa verschiedener Rangstufe beschrieben wurden. Eine klare und scharfe Grenzziehung ist jedoch, namentlich wenn man genügend umfangreiches Material der einzelnen Populationen untersucht, kaum möglich. Man kann, nach eigenen Untersuchungen, auch an Kulturen unter vergleichbaren Bedingungen lediglich von jeweils vorherrschenden

Tendenzen sprechen. Ich halte es deshalb einstweilen bis zum Vorliegen einer sorgfältigen, auf umfangreiches lebendes Material nach Kulturen ausgehend von verschiedenen Herkünften gestützten Artmonographie für zweckmäßig die Spezies als Sammelart aufzufassen und infraspezifisch nicht weiter zu gliedern. Unter Konzession an den überkommenen Gebrauch seien jedoch drei, oft als eigene Arten geführte Formen erwähnt.

Bestimmungsschlüssel der Formen von V. sessilis[1]

1a Oogonlängsachse ungekrümmt, senkrecht zum Tragfaden stehend, Oogon radialsymmetrisch zur Achse, Verhältnis L/D etwa 1,5–2,0[2] . . . . f. **clavata**

1b Oogonlängsachse gekrümmt unter einem ± spitzen Winkel zum Tragfaden, Oogon bilateralsymmetrisch, Öffnung schräg nach oben bis horizontal gerichtet. Verhältnis L/D unter 1,5 . . . . **2**

2a Oogonöffnung schräg nach oben gerichtet, Oogonien meist paarweise mit einem Antheridium in der Mitte zwischen ihnen, Fäden über 32 µm Durchmesser . . . . f. **sessilis**

2b Oogonöffnung ± horizontal gerichtet, Oogonien einzeln neben einem Antheridium, Fäden teilweise unter 32 µm Durchmesser . . . f. **repens**

Maße:

(Gegeben werden die Werte von vier näher untersuchten Populationen, I u. II aus Mitteleuropa, III aus China und IV von der Insel Kuba. Sie umschließen etwa den in der Literatur zu findenden Variationsbereich).[3]

		I	II
Thallusfaden	D.	42,5–90,0–135,0 (150)	20,8–28,5–41,5
Antheridium	D.	–	–
Oogon	D.	57,0–80,0	52,0–60,0–67,5
	L.	73,0–88,5–104,0	70,0–80,5–93,5 (104)
Oospore	D.	55,0–70,0–80,0	52,0–58,5–65,0
	L.	70,0–90,0–115,0	65,0 – 73,0–86,0 (93,5)
Oogon	L/D	1,11–1,44	1,17–1,36–1,55 (1,70)
Oospore	L/D	1,12–1,32–1,50 (1,85)	1,08–1,22–1,44 (1,53)

		III	IV
Thallusfaden	D.	49,5–80,5–125,0	23,5–41,5–57,0 (67,5)
Antheridium	D.	–	15,5–20,8–23,5
Oogon	D.	57,0–67,5–78,0	–
	L.	73,0–87,0–101,5	–
Oospore	D.	–	49,5–65,0–78,0
	L.	–	62,5–78,0–96,0
Oogon	L/D	1,11–1,27–1,42	–
Oospore	L/D	–	1,07–1,24–1,50

---

[1] Da ich selbst an dem von mir untersuchten Material sehr verschiedener Herkünfte klar abgrenzbare Unterschiede nicht finden konnte, gebe ich den Schlüssel in Anlehnung an Blum 1972!

[2] Nach diesen Werten zu schließen wäre in unserem Material nie die f. *clavata* aufgetreten (Siehe Maße!).

[3] Wesentlich größer wurde nur *V. sessilis* f. *major* angegeben:

Oogonien	D.	97–98	Oosporen	D.	85–96
	L.	147–175		L.	107–125

Vorkommen: In stehendem und fließendem, auch schnellfließendem Wasser oft dichte Polster bildend, am Standort dort meist ohne Sexualorgane, auf dem Uferschlamm von Bächen und auf feuchter Erde lockere Überzüge bildend. Bis mindestens 2300 m Meereshöhe gefunden. Auch von salzhaltigen Böden angegeben

Verbreitung: Kosmopolitisch

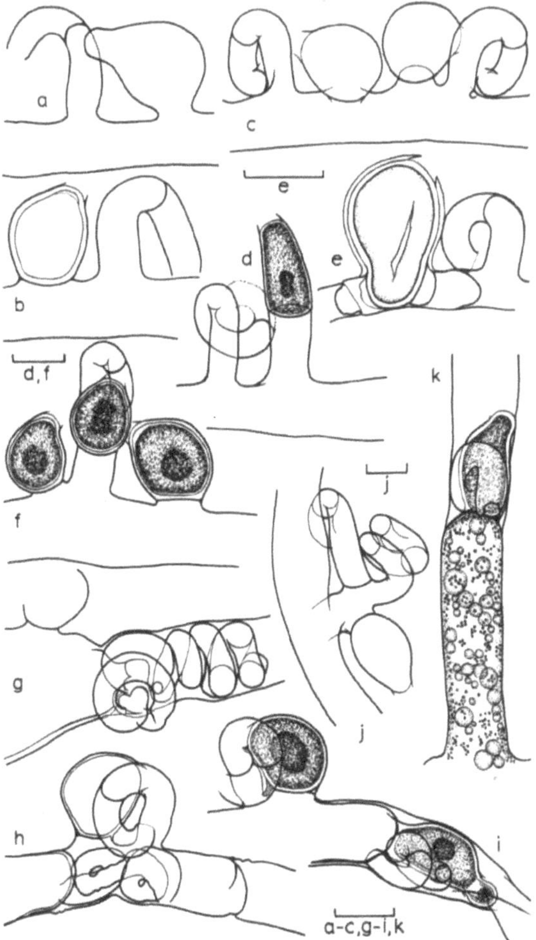

Fig. 22. *Vaucheria sessilis. a–c* Morphologie der Sexualorgane, *d–k* Bildungsabweichungen im Sexualorganbereich. Siehe Text! (Original).

Im Rahmen der verschiedenen die Sammelart bildenden Populationen ist das Auftreten von Bildungsabweichungen, von Abnormitäten in unterschiedlichem Grade zu beobachten. Dabei finden sich bestimmte Abwandlungstypen parallel in Populationen verschiedener Herkunft oft gehäuft, während andere Populationen nie betroffen werden. Es sei hier nur auf vier Abnormitätentypen hingewiesen.

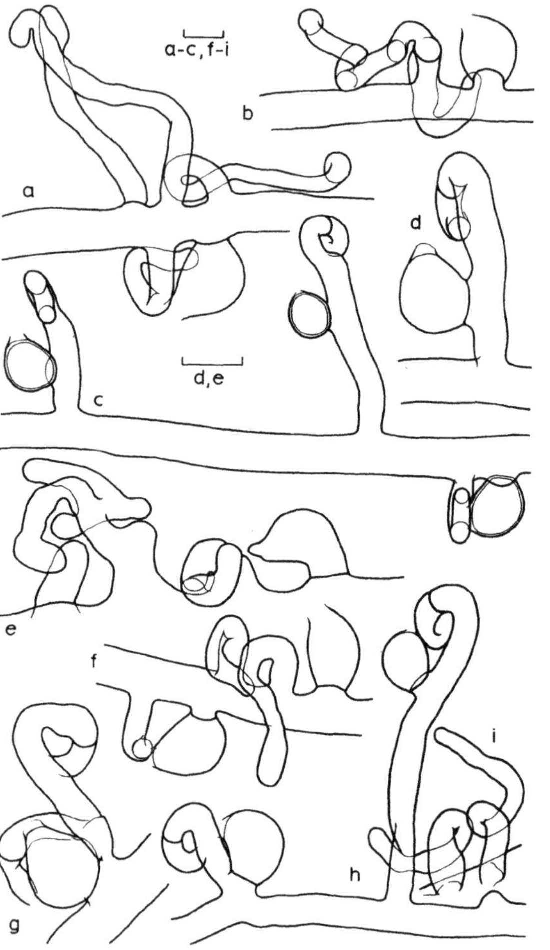

Fig. 23. *Vaucheria sessilis.* Bildungsabweichungen im Sexualorganbereich. Siehe Text! (Original).

1. Relativ häufig ist die Erscheinung, daß der Antheridienstiel verlängert wird und das zugehörende Oogon nicht wie normal am Hauptfaden sitzt, sondern seitlich am Antheridialast, der sich auch verzweigen kann. Es treten in diesen Fällen daher bisexuelle, seitenständige «Fruchtäste» auf, wie sie für die Sektion Racemosae charakteristisch sind. Bemerkenswerterweise wurden stets nur ein, nie zwei Oogonien betroffen, obgleich in den Populationen paarige Oogonien vorkommen (Fig. 23: c, d, h).

2. Weniger häufig wird ein «schlangenartiges» Weiterwachsen, zuweilen mit Verzweigung des Antheridialastes, nur gelegentlich auch des Oogontriebes beobachtet (Fig. 23: a, b, e, f, i).

3. Selten erfolgt die Bildung «innerer» Sexualorgane, ausgehend von einer als Begrenzung des lebenden Thallusbereichs gegen abgestorbene oder Parasiten befallene Fadenteile angelegten Querwand. Antheridien und Oogonien, oder auch nur eines dieser Organe, entstehen dann in das Lumen des abgestorbenen, leeren Fadenabschnitts hinein unter den Raumverhältnissen entsprechender Modifikation ihrer Morphologie (Fig. 22: g, h, i, k).

4. Nur vereinzelt wird beobachtet, daß das Oogon nicht wie normal aus dem Mutterfaden herauswächst und ohne dessen Lumen zu beeinträchtigen durch eine Wand abgegrenzt wird, sondern es wird ein durch zwei Querwände vom übrigen Thallus getrenntes Lumenstück des Tragfadens in seine Bildung einbezogen. Das Oogon sitzt in diesen Fällen nicht auf, sondern mit seinem Basalteil in den Mutterfaden eingesenkt (Fig. 22: e).

Die augenscheinlich gut charakterisierten:

V. sessilis f. *sylhetensis* Islam, Proc. Pak. Acad. Sci. **2** (1) (1965): 52 (Hinterindien).

V. sessilis var. *major* (Smith) Venkatamaran 1961, Vaucheriaceae, New Delhi 1961: 70 (= *V. orthocarpa* (Reinsch) var. *major* Smith 1932, Proc. Indiana Acad. Sci. **41** (1932): 190) (Nordamerika) sind aus Europa bisher nicht bekannt.

Für Europa ebenfalls bisher nicht angegeben aber in ihrer Berechtigung etwas zweifelhaft sind:

V. pseudosessilis Chapman 1956, J. Linn. Soc. Bot. **LV** (1956): 495 (Neuseeland). Anscheinend nur nach konserviertem Material beschrieben, klare Unterschiede zu *V. sessilis* enthält die Diagnose nicht.

V. antarctica Reinsch 1890, Die intern. Polarf. 1882–1883. II. Beschr. Naturw. Hamburg 1890: 361 (Süd Georgien). Auf Grund nur spärlichen, konservierten Materials ungenügend beschrieben.

4.2 Subsektion Racemosae Walz

Jahrb. wiss. Bot. **5** (1866): 144.

Sexualorgane in bisexuellen, am Hauptast seitenständigen, mit einem Antheridium endenden Kurztrieben («Fruchtästen»), Oogonien zu 1–6 gestielt als Kurztriebe 2. Ordnung unterhalb der Antheridien entstehend (in ausgewachsenem Zustande das Antheridium jedoch bei manchen Arten übergipfelnd). Durchwachsungen zu «mehretagigen» Fruchtständen nicht selten.

Die Subsektion Racemosae ist mit etwa 18–20 (je nach Auffassung) Spezies die artenreichste und zugleich taxonomisch schwierigste der Gattung. In Europa sind bisher 10–13 der Arten gefunden worden.

Innerhalb der Subsektion zeichnen sich, wenn auch nicht ganz scharf abgegrenzt, drei Artengruppen ab. Sie unterscheiden sich bei prinzipiell gleichem Grundbauplan der bisexuellen Kurztriebe in Stellung und Ausbildung der Oogonien.

Bestimmungsschlüssel der Gruppen der Subsektion Racemosae

1a Oogonien mit deutlich ausgebildetem, von der Oopore nicht erfülltem Schnabel . . . . **Pseudogeminata** Gruppe (S. 64)

1b Oogonien ohne deutlich ausgebildeten Schnabel 2

2a Oogonien aufrecht, mehr oder minder parallel zur Fruchtstandslängsachse, Befruchtungsöffnung daher schräg nach oben, etwas dem Antheridium zu gerichtet . . . . **Geminata** Gruppe (S. 76)

2b Oogonien übergeneigt bis hängend, Befruchtungsöffnung folglich mindestens parallel zum Tragfaden der bisexuellen Fruchttriebe oder ± abwärts auf ihn zuzeigend . . . . . . **Hamata-terrestris** Gruppe (S. 85)

4.2.1 **Pseudogeminata** Gruppe

Charakterisiert durch deutlich geschnabelte Oogonien
10. *V. pseudogeminata*
11. *V. lii*
12. *V. alaskana*
13. *V. erythrospora*
14. *V. mulleola*

Bestimmungsschlüssel der Arten der Pseudogeminata-Gruppe

1a Größte Längenerstreckung des Oogons in einer zur Fruchtstandslängsachse senkrechten oder ihr nach abwärts zugeneigten Richtung (Fig. 24: 1–3). Außenwand der reifen Oospore gefärbt, positive Berlinerblau Reaktion auf Eisenhydroxyd gebend 2

1b Oogon der Fruchtstandslängsachse nach aufwärts zugeneigt (Fig. 24: 4–7). Reife Oospore in der Regel nicht gefärbt (s. aber *V. alaskana!*) . 3

2a Zygotenmesospor skulpturiert, Oogonschnabel kurz kegelförmig, Oogonien nie paarig. Im Süßwasser . . . . **14. V. mulleola** (S. 75)

2b Zygotenmesospor glatt, Schnabel lang, Befruchtungspore relativ weit (Vergl. Abb. 37, Fig. a, d mit Abb. 29, Fig. b, c). Es finden sich auch paarige Oogonien. Halophil bis salztolerant . . . . **13.V. erythrospora** (S. 74)

3a Schnabel kurz, eng röhrenförmig, schwänzchenartig am Oogon hängend, mittlerer Thallusdurchmesser über 40 µm . . . . **12. V. alaskana** (S. 72)

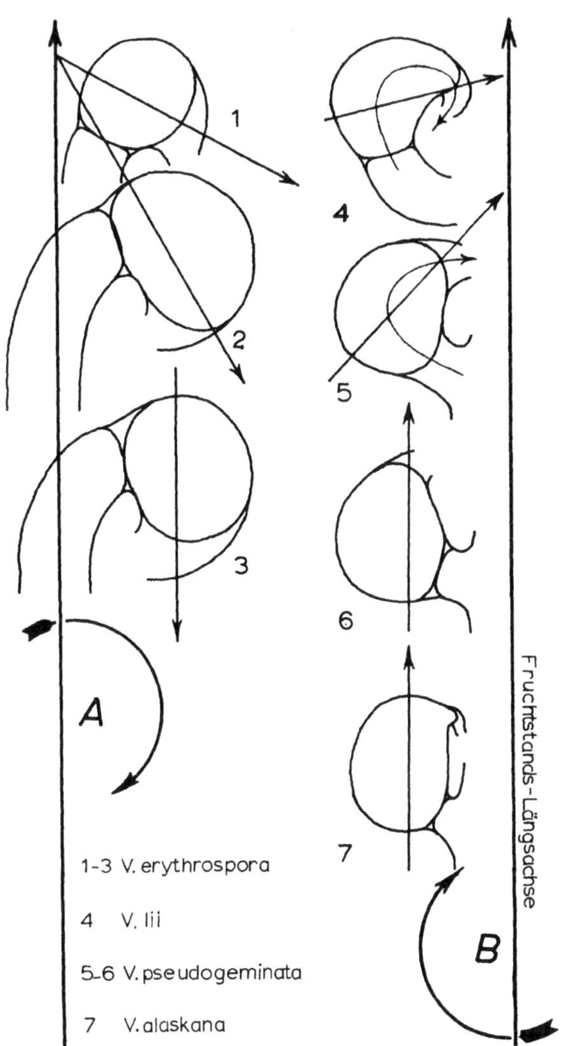

Fig. 24. Oogonstellung in der *pseudogeminata*-Gruppe, Subsekt. Racemosae (Original).

3b Schnabel an der Basis weit, gegen das Ende konisch verschmälert, mittlerer Thallusfadendurchmesser unter 30 µm **4**

4a Oogonschnabel stark hakenartig zurückgekrümmt, Antheridialast schraubig, in der Regel mit mehr als einem Umgang gewunden. Der die Sexualorgane tragende Terminal-Abschnitt des Fruchtastes durch eine Wand vom übrigen Fruchtstandsstiel getrennt . . . . . **11. V. lii** (S. 68)

4b Oogonschnabel nur leicht gebogen, nie hakenartig zurückgekrümmt. Antheridialast spiralig in einer Ebene gerollt, höchstens eine volle Windung beschreibend . . . . **10. V. pseudogeminata** (S. 66)

10. Vaucheria pseudogeminata Dangeard 1939 (Fig. 25)

Monözisch, der am Fruchtstand terminale Antheridialast spiralig gerollt, mit 7/8–9/8, in der Masse mit 8/8 Umgängen. Daran ist das röhrenförmige, sich am Ende öffnende Antheridium mit 2/8 bis 5/8 Umgängen beteiligt. Die Scheitelhöhe des Antheridialastes liegt in der Regel etwas über, zuweilen in, jedoch unter der der Oogonien. Oogon mit gut ausgeprägtem, konisch zulaufendem aber nicht hakig zurückgekrümmtem, in der Masse der Fälle schräg aufwärts bis höchstens waagrecht zum Antheridium hin gerichtetem Schnabel, an dessen Ende die runde Befruchtungsöffnung entsteht. Größte Länge des Oogons etwa in einer parallel der Sexualorganstandslängsachse liegenden bis etwas auf sie zugeneigten Richtung (Fig. 24: 5, 6). Oogonlängsachse höchstens bis zu einem Winkel von 180° gebogen (Fig. 24: 5). Oospore das Oogon mit Ausnahme des Schnabels erfüllend, bilateralsymmetrisch mit hochrückig konvexer Dorsalseite und planer bis schwach konkaver Ventralpartie. Bei der Reife farblos bis auf einen bräunlichen bis dunkelbraunen, gelblich gerandeten Zentralfleck. Mit dem sich oberhalb der basalen Trennwand ablösenden Oogon abfallend. Die Sexualorgane sind an den Fruchttrieben in der Weise angeordnet, daß an der Übergangsstelle vom Fruchtstandsstiel in den Antheridialast entweder unpaar ein deutlich gestieltes Oogon, oder paarig, gegenständig zwei gestielte Oogonien entspringen, die den Antheridialast einrahmen.

Die recht häufig zu findenden mehretagigen Sexualorganstände entstehen durch monopodiale Durchwachsung der Kurztriebe. Sie erfolgt fast stets am Ende eines Oogonialastes nach Abfallen, bzw. Abstoßen des Oogons, also aus einem Oogonstiel. Ein ringförmiger Wandrest umgibt dann als Folge den jungen Trieb (Fig. 25: d, g. l, l_1). Nur sehr selten und dann als Abnormität anzusehen, geht die Proliferation aus einer vegetativen Durchwachsung des Schnabels eines nicht funktionsfähig gewordenen Oogons hervor (Fig. 25: i).

In manchen Populationen finden sich gelegentlich undulierte Thallusbereiche. Auf diese Tatsache ist hinzuweisen, um einer möglichen Versuchung zu begegnen, vegetatives Material allein auf Grund seiner solchen Wellung der Fäden als *V. undulata* anzusprechen.

Maße:

(Es werden die Werte nach zwei kultivierten und genauer untersuchten Populationen aus dem Harzgebirge (I) und vom Nordrand der Beskiden (südl. Krakau) (II) angeführt, sowie die aus diesen und den Angaben in der Literatur sich ergebenden Grenzwerte (III)).

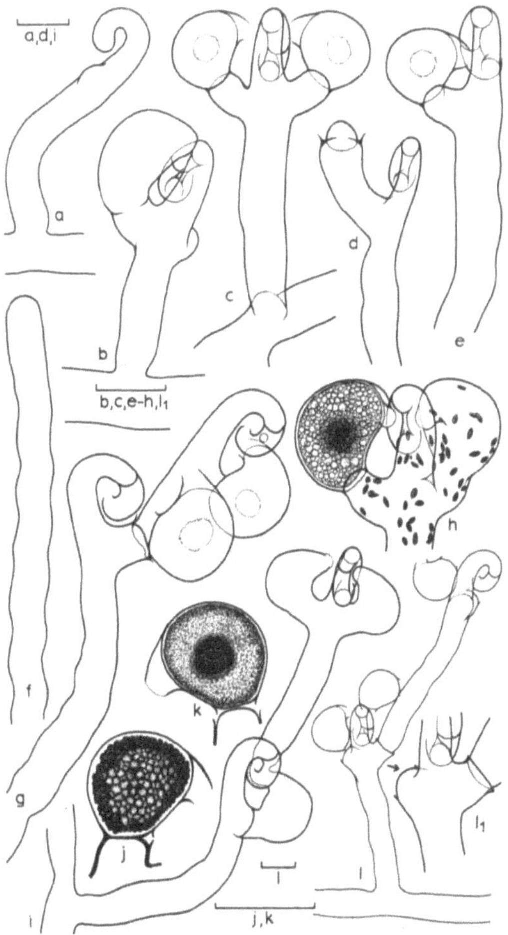

Fig. 25. *Vaucheria pseudogeminata. a* junger Fruchtstand, *b, c, e, h* Habitus des Fruchtastes, *f* leicht undulierter Thallusfaden, *j, k* Oogonien mit reifen Zygoten, *d, g–i, l, l_1* Proliferationen, *d.* beginnende Durchwachsung des Oogonstieles nach Abfallen des Oogons, *g* die Durchwachsung, an der Manschette noch kenntlich, hat einen neuen Fruchtast mit terminalem ♂ und zwei seitlichen ♀ geliefert, eine ähnliche Proliferation zeigt *l, i* Durchwachsung des Oogons von Fruchtast 1 liefert einen neuen Fruchtstand (Original).

		I	II	III
Thallusfaden	D.	23,5–31,0–44,0	23,5–31,5–41,5	23,5–50,0
Antheridium[1]	D.	13,0–15,5–18,5	15,5–17,0–21,0	13,0–21,0
Oogon	D.	44,0–48,0–54,5 (62,5)	44,0–52,0–62,5	30,0–67,0
	L.	54,5–62,5–70,0 (75,5)	54,5–67,0–83,0	40,0–93,0
Oospore	D.	41,5–47,0–57,0	wie Oogon!	41,5–57,0
	L.	49,5–58,0–73,0	54,5–65,0–75,5–(91,0)	49,5–91,0
Oogon	L/D	1,15–1,30–1,44	1,05–1,30–1,63	1,05–1,63
Oospore	L/D	1,10–1,20–1,40	1,10–1,25–1,47–(1,63)	1,10–1,63
Antheridium	r_1/r_2[2]	(2,35) 2,54–3,68	–	–
Fruchtstand				
Gesamt	L.	138,0–265,0 (452,5)	130,0–538,0	138–538,0
Stiel	L.	52,0–153,5 (374,5)	–	52–374,5
Oogonporus	D.	7,8–11,7–16,0	–	7,8–16,0

Vorkommen: Nach den Angaben in der Literatur eine relativ seltene Art. Wahrscheinlich aber meist nur übersehen, da sie keine dichten, auffallenden Rasen bildet, sondern in der Regel mit anderen *Vaucheria* Spezies gemischt auf feuchter Erde zu finden ist. Die mir bekannten Standorte liegen im Bergland ohne jeden Salzwassereinfluß. Die Art wird aber auch von brackigem Gelände, zusammen mit u. a. *V. dichotoma.* angegeben.

Verbreitung: West- und Mitteleuropa, Nordafrika, Nordamerika.

11. **Vaucheria lii** Rieth 1959 (Fig. 26, 27)

Monözisch, Antheridialast terminal im Sexualorganstand, sein Scheitel etwa in gleicher Höhe wie die Scheitelhöhe der Oogonien, zuweilen etwas höher oder etwas tiefer. Mehr oder minder schraubig gewunden mit etwa 12/8–16/8, fast ausschließlich jedoch über 8/8 Umgängen. Davon entfallen auf das Antheridium selbst 2/8–5/8 Umgänge. Antheridien mit terminaler Öffnung. Oogonien mit sehr deutlich entwickeltem, in der Masse der Fälle ausgesprochen hakig zurückgekrümmtem, relativ schwach konischem und ± auf die Oogonbasis zu gerichtetem Schnabel, der sich terminal mit 1 oder (var. *bipora) 2* (–3) auf papillenartigen Erhebungen liegenden Poren öffnet. Längsachse in der Regel etwas mehr als 180° gekrümmt (Fig. 24: 4). Oosporen das Oogon mit Ausnahme des Schnabels erfüllend, bilateralsymmetrisch mit hochrückig konvexer Dorsal- und ± stark konkav gebogener Ventralseite. Bei der Reife farblos mit diffus verteilten goldgelben Pigmentflecken, vom Oogon umhüllt abfallend. Dabei erfolgt die Trennung vom Thallus jedoch nicht oberhalb der Basalwand des Oogons, sondern es löst sich das ganze Oogonialästchen vom zentralen Fruchtstandsstiel. Der Keimriß bildet sich an der Ventralseite. Antheridien und Oogonien finden sich in den Sexualorganständen in der Weise angeordnet, daß dem langgestielten Antheridialast seitlich entweder ein, oder paarig, gegenständig zwei ebenfalls relativ langgestielte Oogonien ansitzen, die dem zentralen Antheridium zugekrümmt sind.

[1] An der Querwand gemessen
[2] Fig. 40 A

Charakteristisch für die Art ist besonders, daß der Sexualorganstandsstiel mehr oder minder dicht unterhalb des Ansatzes der Oogonstiele durch eine Querwand in einen apikalen, die Sexualorgane tragenden und einen basalen Stielteil getrennt wird. Der obere Bereich einschließlich der Oogon- und Antheridienstiele ist ein inhaltsloser «Leerraum», man könnte von einer in diesem Falle Antheridien und Oogonien vom Thallus trennenden «Begren-

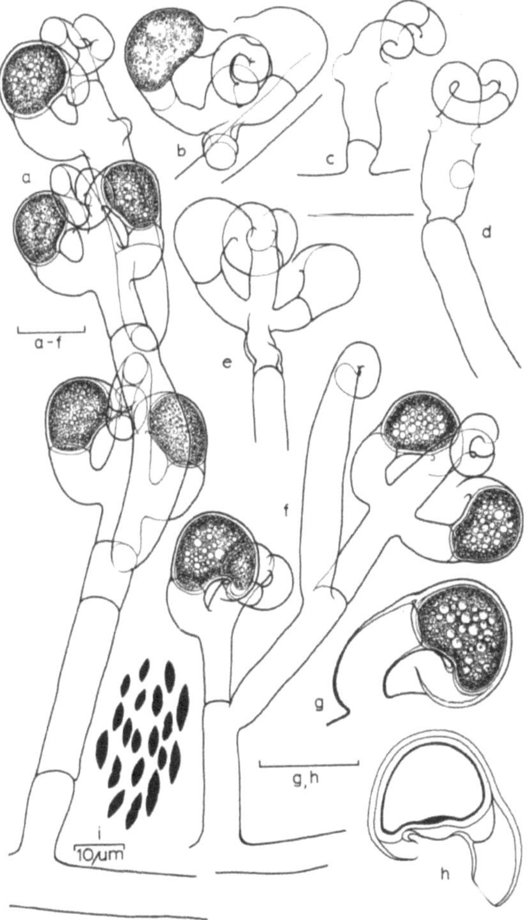

Fig. 26. *Vaucheria lii* var. *lii. a, b, e, f* Habitus des Fruchtastes, bei *a* mit Proliferation (s. dazu Schema, Fig. 52: C!), *c, d* Fruchtstände nach Abfallen der Oogonialäste, *g, h* Oogonien mit reifen Zygoten, in *h* mit Keimspalt, *i* Chloroplasten (Original).

zungszelle» sprechen. Der untere Stielteil bleibt lebend, grün und mit dem Gesamtthallus verbunden. Die nicht selten zu beobachtende Durchwachsung eines primären Fruchtstandes zu etagenartig übereinander liegenden Ständen erfolgt daher stets mittels sympodialer Regenerationstriebe aus dem lebenden Stielteil, meist dicht unterhalb der Querwand (Fig. 26: a, f).

Infraspezifische Gliederung

Bei der Masse der *Vaucheria*-Arten öffnet sich das Oogon mit einem Befruchtungsporus, bisher sind nur zwei Spezies bekannt, bei denen regulär mehrere Öffnungen vorhanden sind. Beide sind halophil. Es ist daher bemerkenswert, daß sich innerhalb der Art *V. lii* sowohl Populationen finden deren Oogonien mit einer Befruchtungsöffnung versehen sind, als auch solche, die normalerweise 2 (–3) Poren aufweisen. Es können danach zwei Varietäten unterschieden werden.

Bestimmungsschlüssel der infraspezifischen Taxa

1a Der Oogonschnabel öffnet sich mit einem terminalen Porus . . . var. **lii**

1b Der Oogonschnabel trägt terminal 2 (–3) Papillen, die sich mit Poren öffnen . . . . var. **bipora**

Neben stets nur einporigen, der var. *lii* zuzurechnenden Populationen und Vorkommen der mehrporigen var. *bipora* treten im Harz auch Populationen der var. *lii* auf, in denen sich als Ausnahme (bei Prüfung eines umfangreichen Materials!) gelegentlich ein mehrporiges Exemplar findet.

Vaucheria lii Rieth var. **lii** (Fig. 26)

Maße:

(Es werden die Werte einer Population aus China und einer aus Mitteleuropa (Harzgebirge) gegeben, sowie die aus beiden abzuleitenden Grenzwerte).

		I	II	III
Thallusfaden	D.	8,0–26,0–44,0	15,5–23,5–39,0 (65,0)	8,0–65,0
Oogon	D.	36,5–41,5–52,0	31,0–41,5–57,0	31,0–57,0
	L.	57,0–67,5–80,5	44,0–62,5–75,5 (83,0)	44,0–83,0
Oospore	D.	34,0–40,0–49,5	31,0–41,5–57,0	31,0–57,0
	L.	44,0–52,0–62,5	47,0–60,0–73,0 (78,0)	44,0–78,0
Oospore	L/D	1,08–1,56	1,17–1,45–1,78	
Fruchtstandsstiel	L.	bis 445,0	bis 850,0	

Vorkommen: Zarte wenig auffallende Form, die als lockeres Gespinst an feuchten oder schwach überrieselten, meist schattigen Stellen Erde und verwittertes Fallaub überzieht. Im Freiland nicht zu erkennen, sondern erst in Rohkulturen, ausgehend von Erdstückchen, gefunden. Nach den spärlichen bisher vorliegenden Fundortsangaben scheint die Art Mittelgebirge zu bevorzugen.

Verbreitung: Mitteleuropa (Harzgebirge in etwa 350–450 m Meereshöhe), China, Nordamerika.

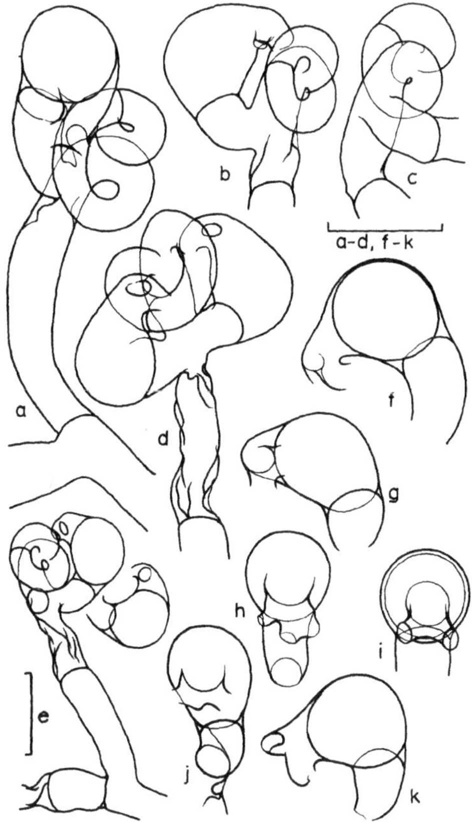

Fig. 27. *Vaucheria lii* var. *bipora. a, b, d, e* Fruchtasthabitus, *c* Antheridialast, *f–k* Oogonien mit typischer Schabelausbildung (Original).

Vaucheria lii var. **bipora** Rieth 1978 (Fig. 27)

Maße:

(Nach einer in Rohkultur genauer beobachteten Population vom Originalstandort).

Thallusfaden	D.	5,0–21,–36,5
Antheridium[1]	D.	13,0–14,5–18,5
Oogon	D.	31,0–39,0–49,5
	L.	47,0–58,5–73,0

[1] An der Trennwand gemessen.

Oospore	D.	31,0–39,0–49,5
	L.	36,5–47,0–60,0
Oogon	L/D	1,31–1,55–1,87
Oospore	L/D	1,00–1,20–1,40
Fruchtstandsstiel	L.	bis 385,0
	D.[1]	21,0–26,0–31,0 (36,5)

Vorkommen: Wie die Stammart

Verbreitung: Bisher nur aus Mitteleuropa (Harzgebirge) in etwa 480 m Meereshöhe bekannt, sicher aber weiter verbreitet nur übersehen.

12. **Vaucheria alaskana** Blum 1953 (Fig. 28)

Monözisch. Der am bisexuellen Kurztrieb endständige Antheridialast hornartig eingerollt, etwa 8/8 Umgänge beschreibend, an denen das röhrenförmige, zum terminalen Porus zu deutlich verengte Antheridium mit 3/8 bis 6/8 Windungen beteiligt ist. Die Scheitelhöhe des Antheridialastes liegt etwas über der der kurz geschnabelten Oogonien, diese meist paarig gegenständig ihn einrahmend, seltener solitär. Der größte Durchmesser in einer etwa parallel zur Fruchtstandslängsachse liegenden Richtung (Fig. 24: 7), aufrecht, kurz gestielt als Seitentriebe 2. Ordnung unterhalb des Antheridialastes sitzend, Schnabel zum Antheridium hin gewendet, ± stark gebogen. Die Zygote erfüllt das Oogon und erstreckt sich mit einer Papille in die Schnabelbasis, so daß vom Schnabel nur ein kurzes röhrenartiges Schwänzchen freibleibt. Oogonwand «zweischichtig, dünn farblos» (Blum 1953) «auffallend, die äußere Wand manchmal verdickt, mit einem Muster netzartiger Leisten» (Blum 1972). Oosporen «rötlichbraun» (Simons 1974 a). Nach eigenen Beobachtungen an einer Population aus China ist die Oogonwand relativ derb, die eigentliche Oosporenhülle aber dünn. Über die Farbe läßt sich, da nur fixiertes Material vorlag, nichts aussagen.

Auch bei dieser Art finden sich häufig neben den geschilderten einfachen Sexualorganständen mehretagige Proliferationen.

Maße:

(Es werden gegeben die Werte nach einer Population aus der Inneren Mongolei (I), n. Blum 1953 u. 1972 (II) und die Extremwerte unter Einschluß der Angaben von Simons 1974 a (III)).

		I	II	III
Thallusfaden	D.	31,0–50,0–72,0	42,0–71,0	25,0–72,0
Antheridium	D.	22,0–28,0	16,0–24,0	–
	L.	–	38,0–53,0	38,0–62,0
Oogon	D.	70,0–90,0–104,0	62,0–92,0	62,0–104,0
	L.	91,0–109,0–125,0 (130,0)	83,0–120,0	83,0–130,0

[1] Während der Drucklegung meiner oben zitierten Arbeit mit der Beschreibung der neuen Varietät wurde die gleiche Form von Simons, Arch. Protistenk. **120** (4) (1978): 393–400, nach Funden aus den Alpen als neue Art *V. riethii* beschrieben. Wenn man die Unterschiede zu *V. lii* für ausreichend erachtet der Form Artrang zuzuerkennen, hat diese Bezeichnung die Priorität.

Oospore	D.	–	70,0–80,0	59,0 – 107,0
	L.	–	84,0–101,0	80,0–131,0
Oogon	L/D	1,03–1,22–1,43	–	–
Fruchtast	L.	170,0–270,0	138,0–276,0	–

Vorkommen: Quellige Stellen, auf feuchter Erde, temporäre Wasseransammlungen in Wagenradspuren, zusammen mit *V. birostris, V. medusa, V. woroniniana, V. sessilis.*

Verbreitung: Westeuropa (bisher nur von der Insel Schiermonnikoog), Alaska, Nord- und Südamerika, Asien (China).

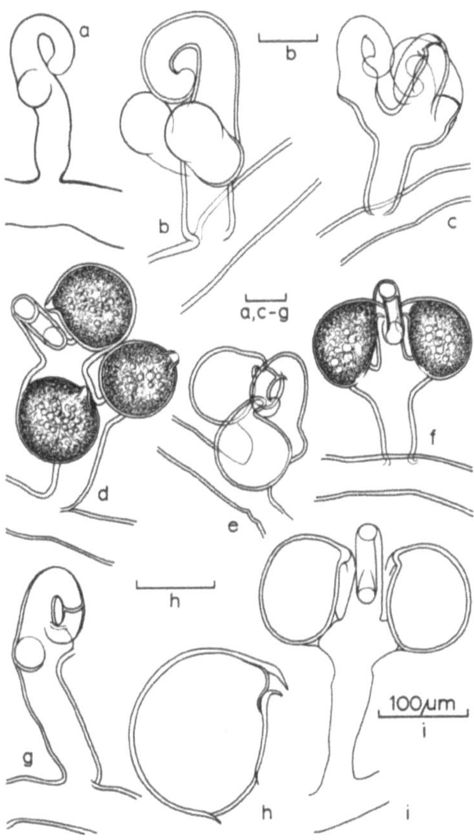

Fig. 28. *Vaucheria alaskana. a, b* junge Fruchtäste, *d–f, i* Fruchtstandhabitus, *g* Fruchtast nach Abtrennung der Oogonien, *c* proliferierter Fruchtast mit 3 ♂ (vergl. *V. longata,* Fig. 33 und 34!), *h* Oogon mit reifer Zygote (*a–h* Original, *i* n. Simons 1974).

13. Vaucheria erythrospora Christensen 1956 (Fig. 29)
Vaucheria hamata sensu Goetz f. *salina* Rieth 1956

Monözisch, Antheridialast hornartig gerollt, Windung etwa 7/8–9/8 eines Kreisbogens umfassend, davon entfallen auf das Antheridium selbst etwa 3/8–5/8. Verhältnis von Außen- zu Innenradius (r_1:r_2) um 3,25. Oogon sehr kurz gestielt, das zunächst terminal angelegte Antheridium übergipfelnd, abwärts der Fruchtastlängsachse zugeneigt (Fig. 24: 1–3). Die von der Mitte der Trennwand zum Stiel zur Porusmitte am Schnabelende zu ziehende Oogonlängsachse etwa einen Halbkreis beschreibend. Das Schnabelende

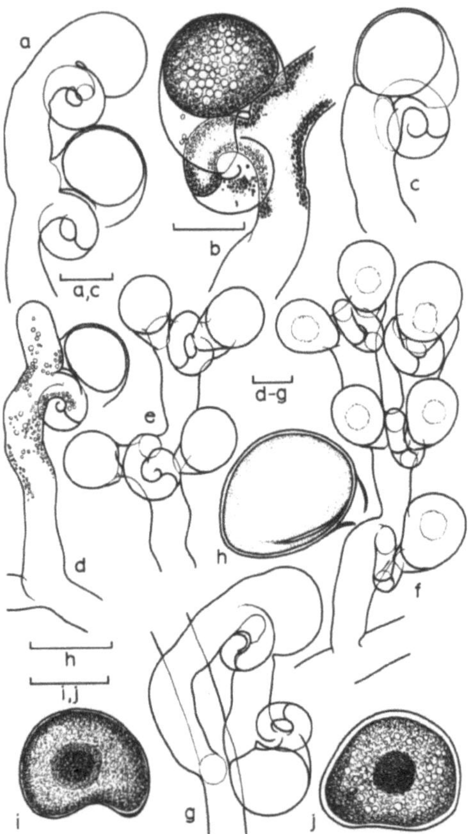

Fig. 29. *Vaucheria erythrospora. a, b, d–g* in verschiedenem Grade proliferierte Fruchtstände, *c* Fruchtstandshabitus, *d* beginnende Durchwachsung, *g* Durchwachsung des Oogons liefert einen neuen Fruchtast, *h* Oospore mit Keimriß vom Oogon umgeben, *i, j* reife Oosporen (Original).

erreicht dadurch eine durch die Basiswand bestimmte Ebene. Oospore das Oogon mit Ausnahme des Schnabels erfüllend. Ihre mittlere Wandschicht bei der Reife kräftig rötlichbraun, den im Inneren vorhandenen zentralen rötlichen Pigmentfleck verdeckend. Bei Behandlung mit 2%iger wässriger Lösung von Gelbem Blutlaugensalz und anschließendem Verbringen in 2%ige Salzsäure tritt an Stelle der rotbraunen Wandfärbung eine intensive hellblaue Tingierung, verursacht durch starke Eisen-III-Einlagerung. Zugleich wird der zentrale Pigmentfleck deutlicher sichtbar. Oogonien mit reifen Oosporen lösen sich leicht oberhalb der Basistrennwand vom Mutterthallus und finden sich durch Farbe und Schnabel leicht erkennbar im Untergrund, etwa auf dem Boden der Kulturschale. Der Keimriß liegt an der flachen, ventralen Seite der Zygote. Sexualorgangruppe am Ende des ± langgestielten Fruchtastes, entweder aus einem Antheridium mit einem Oogon, oder aus zwei paarig das Antheridium einrahmenden Oogonien bestehend.

Die häufig zu findenden Durchwachsungen des Sexualorganstandes erfolgen in der Regel von der Basis des Antheridialastes aus (Fig. 29: e, f), selten durch die Befruchtungsöffnungspapille am Oogon das nicht funktionsfähig wird (Fig. 29: g).

Maße:

(Nach Kulturen einer Population vom Originalstandort im herzynischen Salzgebiet Artern b/Sangerhausen).

Thallusfaden	D.	31,0–42,0–50,5
Antheridium	D.	49,0–57,0–65,0
Oospore	D.	53,0–65,0–77,0
	L.	69,5–82,5–98,5 (113,0)
	L/D	1,03–1,25–1,48
Antheridialast	$r_1:r_2$	2,24–3,25–5,00 (5,66)

Blum 1972 meint, es bestünde die Möglichkeit einer Identität zwischen *V. erythrospora* und *V. pseudogeminata.* Dagegen spricht schon die völlig andere Stellung der Oogonien am Fruchtast. Man vergleiche in Fig. 24: 1–3 mit 5–6 und Fig. 25: b u. c mit Fig. 29: c u. e!

Vorkommen: Auf recht nassem oder gering überstautem, leicht salzigem Gelände von Binnenland-Salzstellen oder im brackigen Marschengebiet der Meeresküsten.

Verbreitung: Mittel- und Westeuropa, Nordamerika, Asien (Japan, Ostindien). Wahrscheinlich bezieht sich die Angabe «*V. adunca* Jao» für Nordafrika auf *V. erythrospora.* Neben den übereinstimmenden Maßen spricht dafür auch die Tatsache, daß sie an salzhaltigen Orten gefunden wurde.

14. **Vaucheria mulleola** Skuja 1964 (Fig. 37: a–d)[1]

Monözisch. Sexualorgane in seitenständigen Kurztrieben. Der spiralig mit 8/8–10/8 Umgängen, an denen das Antheridium mit etwa 4/8 beteiligt ist, gewundene Antheridialast wird von dem stets solitären Oogon übergip-

[1] Ich folge weitgehend der guten Originalbeschreibung Skujas.

felt. (Skuja schreibt von einem «terminalen Oogon», ich möchte jedoch annehmen, daß auch bei dieser Art entwicklungsgeschichtlich das ♂ Organ terminal entsteht und von dem zunächst an seiner Basis lateral angelegten Oogon erst in Seitenstellung gedrängt wird). Antheridium zylindrisch, in die apikale Entleerungspore verschmälert. Auch Stände mit zwei, das Oogon einrahmenden Antheridien kommen, allerdings relativ selten, vor, Die Oogonien sind hoch halbkugelig bis abgerundet nierenförmig mit stark gewölbtem Rücken und flacher bis leicht konkaver und verkürzter Unterseite. Der apikal den Porus tragende Schnabel tritt in der Regel kegelig und niedergekrümmt hervor. Die Symmetrieebenen von Oogon und Antheridialast liegen, nach den Abbildungen zu schließen, zueinander und zur Fruchtstandslängsachse parallel oder fallen zusammen. Die reifen Zygoten mit 3–4 µm dicker, dreischichtiger Wand. Äußere Schicht dünn, hellbräunlichrot bis schwach grauviolett gefärbt, positive Berlinerblau Reaktion auf Eisen gebend. Mesospor dick und meist ± deutlich fein netzförmig bis mäanderartig und zwar vorwiegend innen ornamentiert, farblos. Endospor wenig auffallend, zart, farblos. Oospore das Oogon mit Ausnahme des kurz konischen Schnabels erfüllend.

Maße:

(Nach Skuja)		
Thallusfaden	D.	(45,0) 65,0–80,0 (90,0)
Antheridium	D.	24,0–29,0
Oogon	D.	114,0–135,0
	L.	130,0–152,0
Fruchtast	D.	57,0–67,0
	L.	100,0–150,0

Vorkommen: Auf dem Bodenschlamm im Uferwasser eines Gebirgssees, 900 m Meereshöhe, zusammen mit z. B. *Chaetophora incrassata, Calothrix fusca, Meridion circulare, Cosmarium speciosum, Zygnema* sp.

Verbreitung: Bisher nur vom Originalstandort im Nuoljatjärn (See) bei Abisko, Nordeuropa bekannt.

4.2.2. Geminata Gruppe

Oogonienstiele und Oogonien aufrecht, ihre größte Längenerstreckung in einer zur Fruchtstandslängsachse etwa parallelen Richtung. Befruchtungsöffnung schräg aufwärts gerichtet, etwas dem Antheridialast zugewendet. Oogonien ohne deutlich ausgebildeten Schnabel.

15. *V. geminata*
16. *V. taylorii*
17. *V. verticillata*
18. *V. longata*

Bestimmungsschlüssel der Arten der Geminata Gruppe

1a Der Fruchtast enthält neben einem Oogon bis zu 3, meist relativ langstielige Antheridialäste, deren Scheitelhöhe deutlich über der des Oogons liegt . . . . **18. V. longata** (S. 83)
1b Fruchtstand stets nur mit einem terminalen, in der Regel relativ kurz gestielten Antheridialast 2
2a Der bisexuelle Fruchtast enthält nur zwei, symmetrisch den Antheridialast einrahmende Oogonialäste (sehr selten und in der Population nur als Ausnahme 1 oder 3) . . . . **15. V. geminata** (S. 77)
2b Ein Sexualorganstand enthält als Regel mehr als 2, meist 3–5 (–6) wirtelständige Oogonialäste 3
3a Antheridienstiel die Scheitelhöhe der Oogonien überragend, Fruchtstandsstiel im Bereich des Oogonastwirtelknotens deutlich angeschwollen . . . . **16. V. taylorii** (S. 79)
3b Antheridienstiel, meist sogar die Scheitelhöhe des Antheridialastes, die Scheitelhöhe der Oogonien höchstens erreichend, sie in der Regel jedoch deutlich unterschreitend. Oogonastwirtelknoten nicht merklich angeschwollen . . . . **17. V. verticillata** (S. 81)

15. Vaucheria geminata (Vaucher) de Candolle, in de Lamarck et de Candolle 1805 (Fig. 30)

Monözisch, Antheridialast endständig am Kurztrieb, die Scheitelhöhe der Oogonien nicht überragend. Stielteil aufrecht, ± gerade, nur apikal z.T. hakenartig gekrümmt, das Antheridium hornartig mit $^{5}/_{8}$ – $^{8}/_{8}$ Umgängen gewunden. Oogonien in der Regel paarig (sehr selten nur 1 oder 3) gegenständig, relativ kurz gestielt, aufrecht bis apikal etwas dem Antheridialast, den sie symmetrisch einrahmen, zugeneigt, größte Längenerstreckung in einer der Fruchtastlängsachse mehr oder minder parallelen Richtung zu finden. Die von der Trennwand an der Basis zur Befruchtungsöffnung zu ziehende Längsachse um etwa 90° gebogen. Der auf einem papillenartigen Vorsprung entstehende Porus schräg aufwärts zum Antheridium hin gewendet. Ebene der Antheridialschnecke etwa senkrecht zur Ebene, die die Oogonien in symmetrische Hälften teilt. Obgleich langgestielte Fruchtäste vorkommen ist Kurzstieligkeit die Regel. Oosporen das Oogon erfüllend mit konvexer Dorsal- und fast planer Ventralseite. Bei der Reife mit braungelbem, jedoch nicht rötlichem zentralem Pigmentfleck. Der Keimriss entsteht ventral.

Mannigfache Durchwachsungen des Fruchtastes, ausgehend vom Antheridium, von nicht funktionsfähig werdenden Oogonien und vom Oogonstiel sind nicht selten zu beobachten. Aplanosporen treten häufig auf.

V. geminata ähnelt in der Tracht der zierlicheren *V. pseudogeminata*, sie ist jedoch außer an der derberen Statur durch den fehlenden Oogonschnabel zu unterscheiden. Verwechselungsmöglichkeit besteht auch mit *V. woroniniana*, wenn die Ausbildung des Antheridiums nicht sorgfältig untersucht wird. Bei *V. geminata* findet sich eine endständige Öffnung, bei *V. woroniniana* dagegen am hammerartig verbreiterten Antheridienkopf 2–4 laterale Poren.

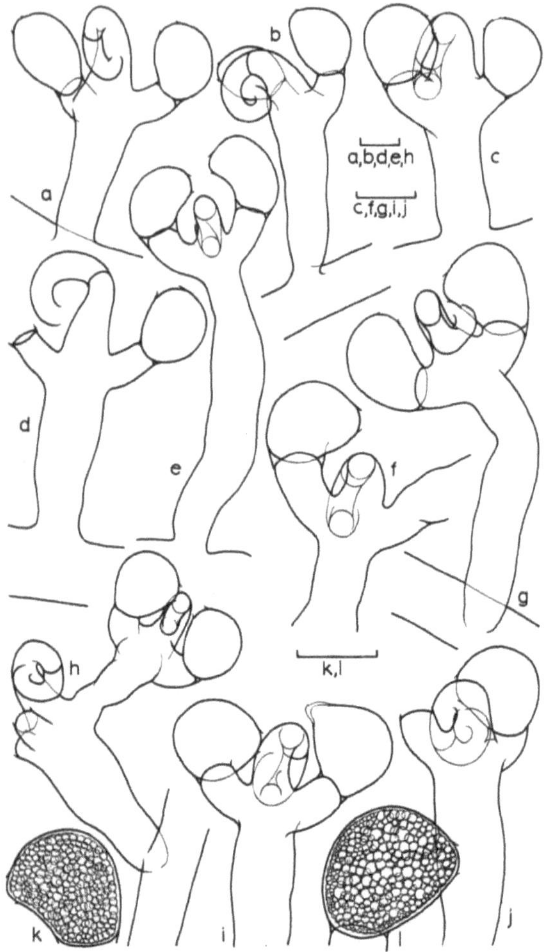

Fig. 30. *Vaucheria geminata. a–g, i, j* Habitus des Fruchtastes, *h* Proliferation, *k, l* reife Oosporen (Original).

Typisch ausgebildet ist die Art leicht kenntlich, ihr Formenreichtum erschwert jedoch nicht selten die zweifelsfreie Zuordnung.

Maße:

(Angaben in der Literatur, die sich eindeutig auf diese Art beziehen lassen (Verwechslung mit *V. woroniniana!*) sind spärlich. Sorgfältig aufgeführte Messreihen an grösserem lebenden Material stehen noch aus. Ich führe die folgenden Werte daher mit einigem Vorbehalt an).

Thallusfaden	D.	29,0–35,0–132,0
Antheridium	D.	23,0–65,0
Oogon	D.	60,0–110,0
	L.	70,0–118,0
Oospore	D.	52,5–100,0
	L.	64,5–115,0
Aplanospore	D.	84,0–184,0(–200,0)
	L.	105,0–209,0

Vorkommen: In stehendem und fließendem Süßwasser, auf feuchter Erde.

Verbreitung: Augenscheinlich weit verbreitet, aber manche Angaben möglicherweise auf Verwechslungen beruhend. Europa, Nordafrika, Asien (Indien, China, Japan) Alaska, Nordamerika

Vaucheria geminata sehr nahestehend sind die folgenden, lange Zeit m. E. zu Recht, nicht als selbständige Spezies, sondern als Varietäten *(racemosa, verticillata)* dieser Art aufgefassten Taxa *V. taylorii* und *V. verticillata.* Sie unterscheiden sich im Prinzip nur durch eine Vermehrung der Oogonien tragenden Ästchen im Fruchtstand von 2 gegenständigen auf 3–8 meist länger gestielt, wirtelig um das Antheridium gruppierte Oogonien. Nach meinen Erfahrungen ist eine solche Vervielfachungstendenz in der *Geminata* Gruppe (aber auch bei anderen Vertretern der Racemosae z. B. bei *V. undulata*!) generell vorhanden. So finden sich nicht selten in derselben Population Exemplare mit paarigen Oogonien, die *geminata* zuzurechnen sind, neben Formen, die eine Vermehrung der Oogon tragenden Äste aufweisen und für sich allein betrachtet zu *verticillata* gehören würden. Auch die vierte Art der Gruppe, *V. longata,* stellt wahrscheinlich nur eine durch Proliferationen modifizierte *V. geminata* dar. Auf jeden Fall lassen sich diese Arten durch ± starke Ausprägung von zwei Tendenzen: Vermehrung der Oogonialäste von zwei- auf mehrgliederige Wirtel und Proliferation der Oogonialäste mit Reduktion der Oogonzahl aus dem Grundbauplan des *geminata*-Fruchtastes ableiten (Vergl. dazu Fig. 32: k; Fig. 33 h!). Weitere Untersuchungen werden darüber entscheiden, ob die genannten drei Taxa tatsächlich durch die von ihren Autoren betonten Merkmale klar getrennt werden und Artrang beanspruchen können.

16. Vaucheria taylorii Blum 1971 (Fig. 31)[1]

Monözisch, Antheridialast endständig am bisexuellen Kurztrieb, relativ langstielig, mit etwa $^{8}/_{8}$ – $^{10}/_{8}$ Umgängen gewunden, an denen das röhrenförmige Antheridium mit $^{4}/_{8}$ – $^{7}/_{8}$ Windungen beteiligt ist. Der Antheridialast

[1] Da ich selbst nur spärliches lebendes Material untersuchen konnte, folge ich im wesentlichen den Angaben Blums.

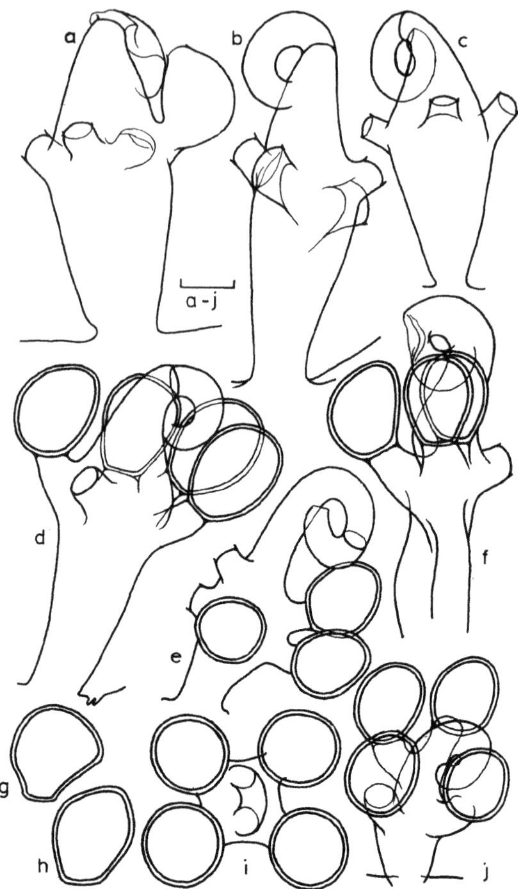

Fig. 31. *Vaucheria taylorii. a–b* Original, *c–j* n. Blum 1971).

überragt 3–8 ihn quirlständig umgebende, aufrechte, kurzgestielte Oogonien. Stände mit nur dimeren Wirteln, wie sie bei *V. geminata* die Regel sind, kommen vor. Die Ansatzstelle der Oogonäste, der Wirtelknoten am Fruchtast ist meist angeschwollen. Oogonien etwas unregelmäßig eiförmig bis länglich eiförmig, Befruchtungsöffnung auf einer papillenartig vorgezogenen Erhebung, aufwärts gerichtet. Oospore das Oogon erfüllend.

Als wesentliche gegen *V.geminata* abgrenzende Charakteristika werden genannt: der 3–8gliedrige Oogonwirtel, ein die Scheitelhöhe der Oogonien überragender Antheridialast und die Anschwellung des Sexualorganstandsstieles im Oogonwirtelknoten.

Innerhalb der Art scheinen (bei Nordamerikanischem Material) zwei Gruppen von Populationen vorzukommen, die eine mit Thallusfadendurchmessern unter 80 µm, die andere mit Werten über 90 µm.

Maße:

Thallusfaden	D.	56,0–90,0–140,0(56,0–80,0 und 90,0–140,0)
Antheridium	D.	21,0–33,0
	L.	62,0–96,0
Oogon	D.	56,0–85,0
	L.	71,0–106,0
	L/D	1,15–1,30

Vorkommen: Im Süßwasser

Verbreitung: Europa, Nordamerika

Aus eigener Erfahrung kenne ich eine Reihe von Populationen mit charakteristisch «verticillatem» Habitus. Sie weisen jedoch die von Blum für seine *V. taylorii* genannten Merkmale eindeutig nicht auf. Ihr Antheridialast erreicht die Scheitelhöhe der Oogonien nicht oder kaum, der Oogonastwirtelknoten ist nicht auffallend angeschwollen, ihre Thallusdurchmesserwerte liegen einheitlich unter 95 µm, die Minimalwerte z. T. sogar erheblich unter der von Blum genannten Schwelle von 56,0 µm. Ich fasse diese Formen in der folgenden Art zusammen, obgleich der Name in der ursprünglichen Bedeutung wahrscheinlich die Formen von *V. taylorii* mit einschloß.

17. Vaucheria verticillata Meneghini sensu Kützing 1856 (Fig. 32)
wahrscheinl. auch *V. trigemina* Kützing 1856

Monözisch. Ein endständiger, meist relativ kurzstieliger Antheridialast, stark spiralig eingerollt mit $^{8}/_{8}$ bis $^{10}/_{8}$ Umgängen, davon entfallen auf das röhrenförmige Antheridium $^{5}/_{8}$–$^{7}/_{8}$ Windungen. An seiner Basis sitzt ein Wirtel von 3 – 6 am häufigsten 3–4 (–5), aufrechten bis gelegentlich dem zentralen Antheridium zugeneigten länger gestielten Oogonien. Selten ist auch der ganze apikale Fruchtstandsbereich etwas nach einer Seite geneigt. Die Scheitelhöhe des Antheridienstieles, oft des ganzen Antheridialastes, liegt in der Masse der Fälle deutlich unter, bis in der größten Höhe der Oogonien. Die Knotenregion des Oogonwirtels ist nicht auffallend verdickt. Poruspapille der Oogonien meist wenig ausgeprägt. Die dünnwandigen, eiförmig bis rundlichen, schwach bilateralsymmetrischen Oosporen erfüllen das Oogon vollständig. Ihre Maße entsprechen daher denen des Oogons, abzüglich eines minimalen Betrags für die Oogonwandstärke. Aplanosporenbildung in manchen Populationen häufig. Gelegentlich mit Rädertiergallen.

Das in einzelnen Herkünften vermehrte Auftreten dimerer Oogonwirtel und von Durchwachsungen deuten auf enge Beziehungen zu *V. geminata* einerseits und zu *V. longata* andererseits hin.

Maße:

(Es werden die Werte von drei Herkünften gegeben, von denen die letztgenannte (III) 3–4gliederige, häufig aber auch dimere Oogonwirtel, vereinzelt sogar nur ein Oogon im Fruchtstand aufweist).

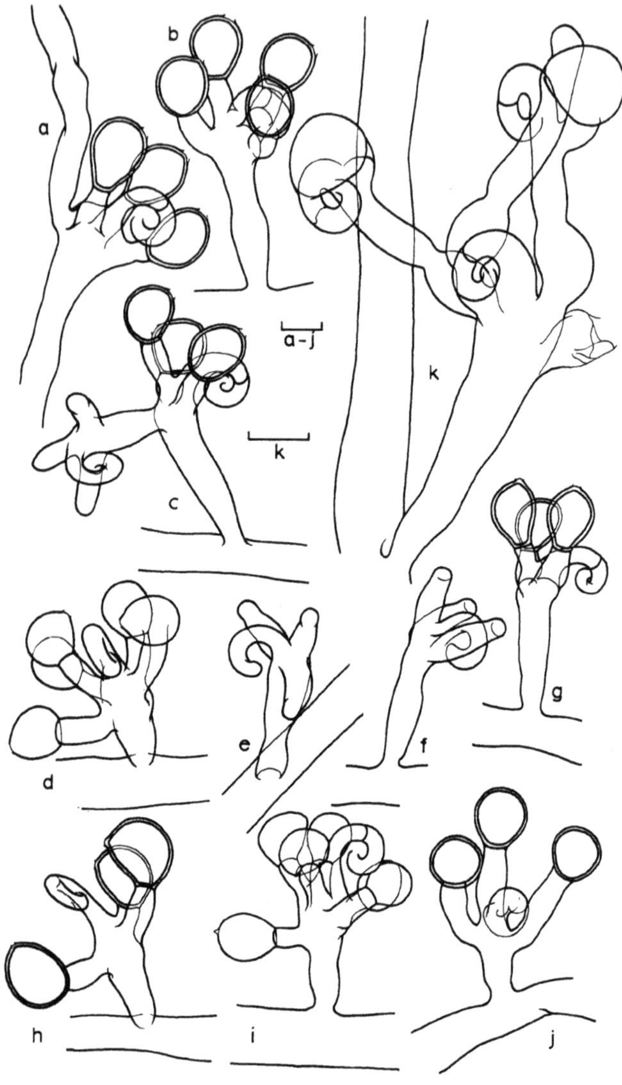

Fig. 32. *Vaucheria verticillata. a, b; d, g, h–j* verschiedene Fruchtstandsausbildungen, *e, f* junge Fruchtaststadien, *c, k* proliferierte Fruchtstände.

		I	II	III
Thallusfaden	D.	31,0–55,0–73,0	28,5–49,0–80,5	41,5–55,0–93,5
Oogon	D.	49,5–60,0–70,5	47,0–57,0–67,5	54,5–65,0–83,5
	L.	60,0–73,0–91,0	57,0–70,0–83,0	62,5–84,0–106,5
	L/D	1,04–1,20–1,43	1,08–1,20–1,37(1,58)	1,04–1,23–1,45

Vorkommen: Süßwasserpfützen und Pfützenränder auf Wiesenwegen, Gräben, Waldbachsümpfe.

Verbreitung: Europa, China

(Die Angaben sind sicher unvollständig, da nur selten feststeht, inwieweit diese Art oder *V. taylorii* vorlag.)

18. Vaucheria longata Blum 1953 (Fig. 33)

Die Art ist bisher nur nach Herbarmaterial beschrieben. Dies bedingt, daß, wie auch der Autor zugesteht, einige Unklarheiten namentlich in den Stellungsverhältnissen am Sexualorganstand blieben. Es besteht besonders nach den Angaben Christensens 1956 der Verdacht, daß die ungewöhnliche Mehrantheridigkeit des Fruchtastes in Wirklichkeit nur durch eine ± rudimentäre, von den Oogonstielen ausgehende Proliferation vorgetäuscht wird. Der Aufbau der bisexuellen Kurztriebe würde, wenn dem so wäre, durchaus dem prinzipiellen Grundschema der Subsektion folgen. Die Be-

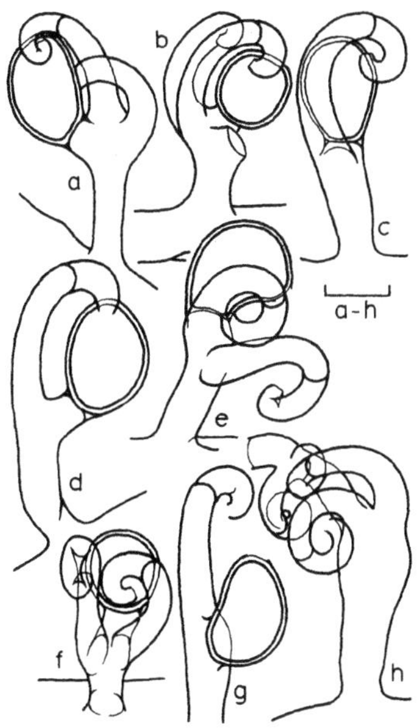

Fig. 33. *Vaucheria longata.* (*a–g* n. Blum 1953 – *h* Original).

rechtigung der Art müßte überprüft werden. Meine Darstellung beruht auf den Angaben Blums. Eine Ergänzung und Klärung durch sorgfältige Untersuchung lebender Pflanzen ist jedoch dringend erforderlich.

Monözisch, der bisexuelle Kurztrieb endet, nach den Abbildungen zu urteilen, in der Regel mit einem Antheridialast, dem an der Basis seitlich gestielt ein ± aufrecht stehendes Oogon und ihm gegenständig ein zweiter Anteridialast (ein rudimentärer Sexualorganstand 2. Ordnung?) ansitzen. Dieser zweite Ast fehlt aber auch zuweilen. Die in der Diagnose angegebenen Kurztriebe mit drei Antheridialästen könnte man sich dadurch entstanden denken, daß die beiden einem terminalen Antheridialast normalerweise basal gegenständig entspringenden Oogonialäste durch mit Antheridien endende Proliferationstriebe ersetzt sind, von denen jedoch nur einer einseitig ein Oogon bildet. Vergl. Fig. 33 und Fig. 34! Interessant ist in diesem Zusammenhang die in Fig. 32 k dargestellte Fruchtastausbildung die bei *V. verticillata* auftrat. Hier ist noch zu sehen, daß die Seitenäste tatsächlich aus durchgewachsenen Oogonien hervorgehen.

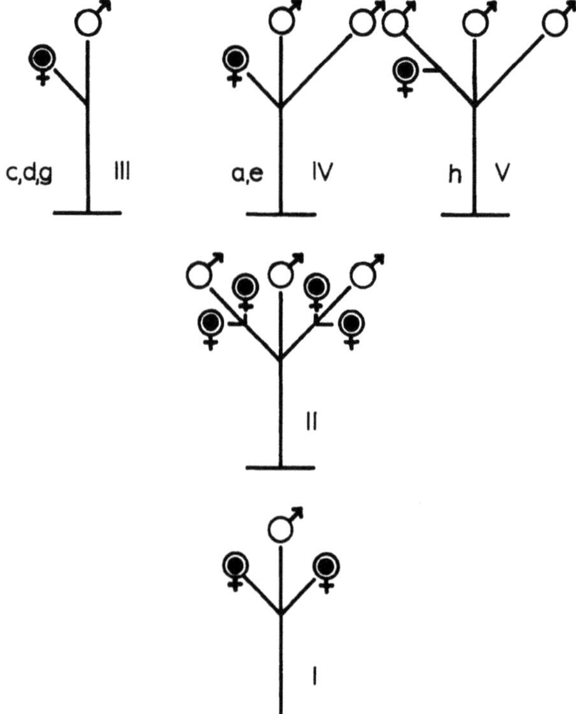

Fig. 34. Ableitung der *longata*-Formen von *V. geminata* (Original).

Die Antheridien sind hornartig gewunden, in der Mitte etwas aufgetrieben, gegen die terminale Öffnung zu verschmälert, also insgesamt nicht streng zylindrisch. Antheridienstiel im basalen Teil aufrecht, nur leicht gekrümmt. Größte Länge des Oogons in einer zur Fruchtastlängsachse etwa parallelen Richtung. Oospore länglich eiförmig, das Oogon erfüllend, dünnwandig.

Maße:

(Da keine weiteren Messungen vorliegen gebe ich die Werte nach Blum 1953).

Thallusfaden	D.	43,0 – 75,0
Antheridium		
grösster	D.	16,0–20,0
apikaler	D.	10,0–11,5
Oogon	D.	56,0–74,0
	L.	83,0–102,0
Oospore	D.	55,0–73,0
	L.	82,0–100,0
	L/D	1,44
Fruchtast	L.	140,0–345,0

Vorkommen: Süßwasser von Gräben und Fischteichen, wohl auch in leicht brackigem Wasser, da zusammen mit *V.erythrospora* gefunden.

Verbreitung: Europa (Die Angabe «USA» bei Venkatamaran ist wohl irrig).

4.2.3. Hamata-terrestris Gruppe

Mit stark geneigten bis hängenden Oogonien, ihre größte Längenerstrekkung liegt in einer Richtung, die der Fruchtastlängsachse nach abwärts zugeneigt ist. Porus nach abwärts zeigend. Oogonien ohne deutlichen Schnabel.

19. *V. undulata*
20. *V. terrestris*
21. *V. hamata*
22. *V. walzi*
23. *V. megaspora*

Bestimmungsschlüssel der Arten der Hamata-terrestris Gruppe

1a Vegetative Fäden und Fruchtaststiele wellrohrartig rhythmisch verdünnt und verdickt . . . . **19. V. undulata** (S. 86)

1b Vegetative Fäden und Fruchtaststiele parallelwandig **2**

2a Fruchtast 1.Ordnung fast stets nur mit einem Oogon, das den Antheridialast übergipfelt . . . . **20. V. terrestris** (S. 87)

2b Fruchtast in der Masse der Fälle mit mindestens 2 den Antheridialast nicht deutlich übergipfelnden Oogonien **3**

3a Nur aus der Tiefe von zwei Seen Osteuropas bekannte Form mit sich nicht öffnenden Oogonpapillen, Vermehrung durch Akineten . . . . **23.V.megaspora** (S. 100)

3b Verbreitete Formen, auf feuchter Erde und in flachem Süßwasser, mit normal funktionierenden Sexualorganen, vegetative Vermehrung, falls vorhanden, durch Aplanosporen **4**

4a Fruchtast relativ kurz gestielt, überhängend mit häufig mehr als 2 (bis zu 7) distich unterhalb des Antheridiums auf eingekrümmten Stielen sitzenden Oogonien . . . . **22. V. walzii** (S. 96)

4b Fruchtast in der Regel mit 2 (selten 1 oder 3) Oogonien . . . . **21. V. hamata** (S. 93)

19. Vaucheria undulata Jao 1936 (Fig. 35)

Monözisch. Bisexuelle Kurztriebe in der Regel relativ lang gestielt, in einen hornartig etwa $^{8}/_{8}$ – $^{10}/_{8}$ Windungen beschreibenden Antheridialast auslaufend, dessen endständiges, röhrenförmiges Antheridium daran mit $^{3}/_{8}$ – $^{4}/_{8}$ (–$^{5}/_{8}$) Umgängen beteiligt ist. Der Fruchtstand enthält normalerweise ein Oogon. In Ergänzung der Angaben Jaos, der nur von einem Oogon berichtet, sei jedoch vermerkt, daß gar nicht so selten (in einer geprüften Population bis zu 9%) auch zwei, relativ kurz gestielte, in ihrer Scheitelhöhe das Antheridium deutlich überragende Oogonien vorkommen. In Sexualorganständen mit einem Oogon kann durch diese Übergipfelung das Antheridium seitenständig wirken (Fig. 35: c, g). Der Oogonstiel von der Seite so gesehen, daß sich die Antheridialschnecke in der Aufsicht präsentiert, meist etwa ungefähr $^{1}/_{8}$ Kreisbogen beschreibend, gekrümmt. Die größte Längenerstrekkung des Oogons findet sich in einer zur Fruchtastlängsachse mindestens senkrechten, oft jedoch in einer ihm abwärts stärker zugeneigten Richtung. Die auf einer stumpfen Papille erscheinende Befruchtungsöffnung entsprechend parallel zum Mutterfaden bis abwärts auf ihn zu zeigend. Die bilateralsymmetrische Oospore mit stark konvex gewölbter Dorsal- und schwach konkav bis planer Ventralseite erfüllt das Oogon völlig. Ihre auf dem Stiel sitzende Basalpartie in Profilansicht stumpfeckig abgesetzt (Fig. 35: j). Bei der Reife finden sich auf blaß gelblichgrünem bis farblosem Grunde zahlreiche diffus verteilte bräunliche bis braunschwarze Pigmentflecken, die nach meinen Erfahrungen für die Art typisch sind (Fig. 35: c, j). Der Keimriß liegt ventral. Die vegetativen Fäden wie auch die meisten längeren Fruchtaststiele sind wellrohrartig, rhythmisch mit Anschwellungen und Einschnürungen versehen, «unduliert». Der Ausprägungsgrad der Wellung ist allerdings recht variabel. Eine mehr oder minder deutliche Undulierung, jedoch meist nur in einzelnen Thallusbereichen, findet sich gelegentlich auch bei anderen Arten.

Die nicht selten zu beobachtenden Proliferationen im Sexualorganbereich gehen in der Regel vom Oogonstiel (nach Abfallen des Oogons) aus (Fig. 35: g), gelegentlich wächst auch ein nicht funktionsfähig gewordenes Oogon durch, während Durchwachsungen am Antheridialastscheitel (Fig. 35: e) sich nur ganz vereinzelt finden.

Maße:

(Werte nach drei genauer untersuchten Populationen, I aus dem Rila Gebirge, II aus dem Harz, III aus Kuba, sowie die aus ihnen und den Literaturangaben resultierenden Grenzwerte IV).

		I	II
Thallusfaden	D.	28,5–40,0–60,0	26,0–39,0–54,5
Antheridium	D. [1]	18,0–21,0–23,5	15,5–20,0–23,5
Oogon	D.	54,5–65,0–78,0(83,0)	47,0–57,8–75,5
	L.	57,0–73,5–91,0	54,5–67,5–86,0
	L/D	1,03–1,15–1,33(1,35)	1,00–1,15–1,32
Oospore	D.	Nur geringfügig kleiner als	
	L.	die Oogonwerte	
Fruchtstands-	L. [2]	125–200–315–(825)	145,5–310,0–452,5(613,5)

		III	IV
Thallusfaden	D.	28,5–39,0–62,5	25,0 – 62,5
Antheridium	D. [1]	15,5–18,0–21,0	15,5 – 31,5
Oogon	D.	(39,0)44,0–52,0–62,5	39,0 – 113,0
	L.	49,5–62,5–73,0	49,5 – 127,0
	L/D	1,04–1,20–1,42	1,00 – 1,35
Oospore	D.	Nur geringfügig kleiner	60,0 – 96,5
	L.	als die Oogonwerte	65,0 – 101,5
	L/D	–	1,00 – 1,30
Fruchtstands-	L. [2]	100–442	100,0 – 825,0

Vorkommen: Auf feuchter Erde, an Süßwasserpfützen und Gräben, im bewaldeten Bergland bis 1300 m Meereshöhe beobachtet (Simons 1978), auf Reisfeldern.

Verbreitung: Mittel- und Osteuropa, Asien (China), Alaska, Nordamerika, Kuba, Neuseeland, Nord- und Zentralafrika.

20. Vaucheria terrestris sensu Götz 1897 var. **terrestris** (Fig.36)
(*V. frigida* (Roth) C. A. Agardh 1824) (?)

Monözisch. Der von seiner Basis an in (8/8)9/8 –10/8 Windungen, mit einem Anteil von (4/8)5/8–6/8(7/8) für das terminale Antheridium, gekrümmte Anteridialast bildet das Ende des bisexuellen Kurztriebs. Er wird jedoch im Laufe der Entwicklung von dem einzigen, als Seitentrieb entstehenden Oogonialast übergipfelt. Im voll entwickelten Fruchtstand findet sich daher die Antheridialschnecke scheinbar seitenständig unterhalb des Oogons. Das Antheridium ist röhrenförmig mit geringfügiger Anschwellung im Mittelteil. Der Fruchtast enthält in der Regel ein Antheridium und ein Oogon. Stände mit zwei paarig stehenden Oogonien kommen praktisch nicht vor. Das Oogon ist wie die es völlig erfüllende Oospore bilateralsymmetrisch mit vorherrschend hochrückig konvexer Dorsal- und nur einen bescheidenen Teil des Umfanges (in Seitenansicht) einnehmender schwach konvexer bis planer Ventralseite. Wo sich beide apikal treffen liegt auf einer etwas papillenartig vorspringenden Erhebung die Befruchtungsöffnung und entsprechend zeigt dort die Oospore eine ± deutlich ausgebildete Papille.

[1] An der Trennwand gemessen
[2] Vom Ansatz am Mutterfaden bis zum Scheitel des Antheridialastes

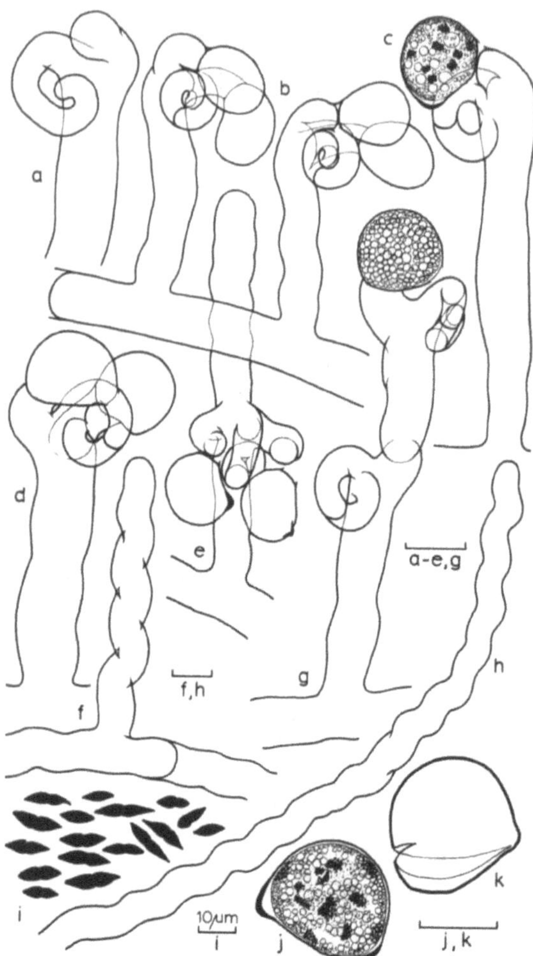

Fig. 35. *Vaucheria undulata. a* junger Fruchtast, *b–d* Habitus des Fruchtstandes, *e* und *g* Proliferationen im Fruchtastbereich, *f, h* undulierte Thallusfäden, *i* Chloroplasten, *j* reife Oospore, *k* leere Oosporenhülle nach der Keimung (Original).

Die reife Oospore fällt mit dem in der Folge vergallertenden Oogon ab. Sie ist farblos bis leicht grünlichgrau gefärbt mit einem dunklen, schwarzbraunen meist grüngelblich gerandeten Zentralfleck. Der Keimriß erfolgt ventral (Fig. 36: d). Die größte Längenerstreckung des durch eine von 90° bis fast 180° betragende Stielkrümmung, in die nicht selten auch die apikale Region des Fruchtaststieles einbezogen wird, überhängenden Oogons liegt in einer, etwa der Kurztriebslängsachse parallelen, oder sogar etwas auf sie zuweisenden Richtung. Die Befruchtungsöffnung zeigt dadurch mindestens abwärts zum Tragfaden, in der Regel aber auf den Fruchtaststiel zurück.

Für die Abgrenzung gegen die im Anschluß zu schildernde Art *Vaucheria hamata* ist neben dem stets solitären Oogon, den größeren Oosporen, die

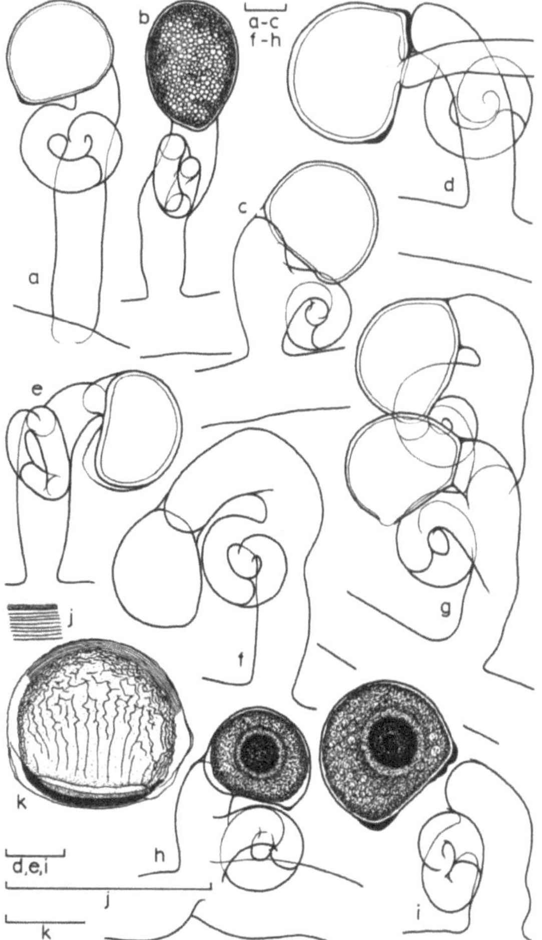

Fig. 36. *Vaucheria terrestris. a–c, e, f, h, i* Habitus des Fruchtastes, *a.* Seitenansicht, *b* Profilansicht, *g* Proliferation, *d* in situ keimende Oospore, *k* reife Oospore (reife Zygoten auch in *h* und *i*), *j* Oosporenwandstruktur (Original).

Stellung von Oogon zum Antheridium im Sexualorganstand wichtig, ein Merkmal, das bereits von älteren Autoren, soweit sie sich mit lebendem Material beschäftigten (z. B. Walz 1866, Götz 1897) erkannt worden ist. Die Symmetrieebene des Oogons, in die auch die Stielkrümmung fällt, bildet zugleich die Symmetrieebene der Antheridialschnecke. Dies bedeutet, daß sich Oogon und Antheridium gleichzeitig in Flächenansicht präsentieren oder auch, allerdings sehr selten, in sorgfältig ohne Druck hergestellten Präparaten lebender Pflanzen, gleichzeitig in Profilstellung. Diese Lagebeziehung ist durch zwei Eigenheiten ermöglicht: dadurch, daß nur ein Oogon vorhanden ist, zum anderen dadadurch, daß zwischen Oogon- und Antheridialast ein genügend weiter Abstand existiert, so daß beide Organe ohne sich zu behindern übereinander, bzw. nebeneinander in einer Ebene Platz finden. Auf jeden Fall ist durch diese Stellungsbeziehungen der Fruchtstandshabitus von *V. terrestris* sehr charakteristisch, wie die Abbildungen klar zeigen (s. auch Abb. 40!).

Christensen 1968, 1969 hat sich ausführlich mit der Geschichte der Art und ihrer Synonymie beschäftigt. Er weist darauf hin, daß wohl zwei sich sehr nahe stehende Formen existieren, die er *V. terrestris* (Vauch.) D. C. in Lam. et D. C. 1805 (non *V. terrestris* sensu Götz 1897) und *V. frigida* (Roth) C. A. Agardh 1824 (= *V. terrestris* sensu Götz 1897) zuordnet. Erstere soll durchweg zierlicher und kleiner (hinsichtlich Fadendurchmesser, Fruchtastdurchmesser, Oogonmaße) und mit enger gerolltem Antheridium sein, während *V. frigida* derber, größer sei und eine «elephantenartige Plumpheit» aufweise. Bei dem von mir an reichlichem, meist Kulturmaterial, untersuchten Populationen verschiedener Herkünfte konnte ich zwar in der einen oder in die andere Richtung gehende Tendenzen beobachten. Sie sind aber durch Übergänge verbunden, die eine sichere Grenzziehung nicht gestatten. Ich kann mich daher einstweilen, zumal auch Christensen keine Meßwerte gibt, nicht entschließen zwei Arten zu unterscheiden. Wahrscheinlich entspricht meine Varietät *major* etwa der Christensenschen *V. frigida* und die am anderen Ende der Variationsreihe stehenden, in den Massen kleineren Populationen tendieren zur *V. terrestris* sensu Christensen 1969.

Maße:

(Es sind angeführt die Werte nach drei genauer untersuchten Populationen, I aus dem Rila Gebirge, II aus dem Harz Gebirge und III aus dem Apennin. In der Spalte IV finden sich die daraus und den Angaben in der Literatur resultierenden Grenzwerte).

		I	II
Thallusfaden	D.	49,5–68,0–86,0	52,0–70,0–91,0
Oogon	D.	104,0–121,0–140,5	86,0–109,0–135,0
	L.	125,0–143,0–166,5	117,0–143,0–171,5(177,0)
Antheridium	D_1	–	29,0–45,0
	D_2	31,0–37,0–47,0	35,0–45,0
	r_1/r_2	2,7–5,0	2,03–3,00(4,33)
Oogon	L/D	1,07–1,20–1,33(1,43)	1,06–1,33–1,58(1,67)
		III	IV
Thallusfaden	D.	23,5–37,0–60,0	23,5–120,0
Oogon	D.	41,5–58,0–70,5	41,5–140,5
	L.	52,0–73,0–91,0	52,0–177,0

Antheridium	D_1	14,0–21,0	–
	D_2	–	15,0–45,0
	r_1/r_2	1,86–2,50–3,33	1,50–3,0
Oogon	L/D	1,04–1,22–1,47	1,04–1,67

D_1 An der Trennwand gemessen
D_2 Größter Durchmesser

Vorkommen: In stehendem und fließendem Süßwasser, in der Spritzzone von Bächen, in der amphibischen Zone von Seen und Teichen, unter angeschwemmtem Reth Rasen bildend, schattig auf nacktem, feuchtem Teichboden. Mehrfach in Höhlen gefunden (Morton u. Gams 1925). Sexualorgane bei niedriger Temperatur erscheinend.

Verbreitung: Europa (in den Berner Alpen bis 2030 m Meereshöhe, in einer Höhle), Asien, (Indien bis 3880 m Meereshöhe), China, Nordamerika und Alaska, Australien, Neuseeland, Nordafrika. *V. terrestris* dürfte die am weitesten in die alpine Stufe vordringende Art der Gattung sein.

Infraspezifische Gliederung

Bestimmungsschlüssel der Formen von V. terrestris

1a Mesospor der Zygote ± deutlich netz- bis mäanderartig ornamentiert. Thallusfadendurchmesser im Mittel 57,0– 75,0 µm . . . . . var. **nuoljae**

1b Mesospor der Zygote unornamentiert, glatt. Thallusfadendurchmesser im Mittel über 70 µm . . . . var. **major**

Vaucheria terrestris sensu Götz var. **nuoljae** Skuja 1964 (Fig. 37: e–h)[1]

Am Fruchtast entwickeln sich fast immer nur ein spiralig eingerolltes Antheridium und ein Oogon. Sehr selten findet man zwei Antheridien, nämlich je eins zu beiden Seiten des Oogons und nach derselben Seite übergeneigt. Die großen Oogonien sind etwa eiförmig oder konvex-plan, bisweilen am Apex leicht niedergekrümmt, wobei die gerade oder schwach konvexe Seite dann die untere, also dem Antheridium zugekehrte ist. Die Zygote füllt das Oogon völlig aus, ist darum von derselben Form wie dieses, wobei die Mündung des Oogons nach der Reife der Oospore kaum irgendwie merkbar hervortritt. Im reifen Zustand ist die Oosporenmembran 3–6 µm dick, dabei farblos und meistens dreischichtig: die äußere Schicht ist verhältnismässig dünn und glatt, die mittlere dick und ausgeprägt lamellös, dabei deutlich netzförmig bis mäanderartig ornamentiert, und die innerste Schicht wiederum zart und ± glatt. Nach der Reife vergallertet die Oogoniumswand allmählich und zugleich fällt die Oospore ab. Ungeschlechtliche Vermehrung durch Zoo- oder Aplanosporen konnte nicht beobachtet werden.

[1] In der Darstellung folge ich der guten Beschreibung Skujas.

Maße:

(Nach Skuja 1964)

Thallusfaden	D.	(50,0) 57,0– 75,0 (82,0)
Antheridium	D.	22,0– 29,0
Oogon	D.	95,0–130,0
	L.	150,0–212,0
Oospore	D.	93,0–128,0
	L.	148,0–210,0
Fruchtast	D.	50,0– 68,0
	L.	200,0–335,0
Antheridium r_1/r_2		2,2– 3,3

Vorkommen: Niedrige, sammetartige Rasen am Rande und Boden einer kalten Quelle in etwa 1000 m Meereshöhe, zusammen mit *V. sessilis, Tribonema vulgare, Zygnema, Mougeotia* und *Spirogyra.*

Verbreitung: Bisher nur vom Originalstandort bei Abisko, Nordeuropa, bekannt.

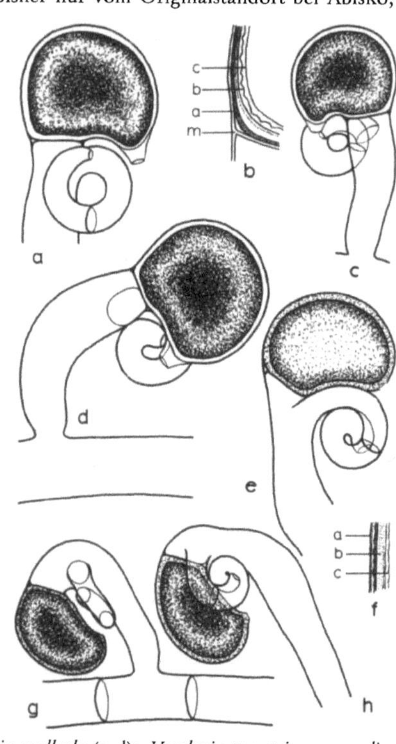

Fig. 37. *Vaucheria mulleola* (a–d); *Vaucheria terrestris* var. *nuoljae* (e–h). *a, c, d* Fruchtasthabitus, *b* Wandstruktur, *m* Oogonwand, *a* Exospor, *b* Mesospor, *c* Endospor, *e–h* Fruchtasthabitus, *f* Wandstruktur der Zygote *a* Exospor, *b* Mesospor, *c* Endospor (n. Skuja 1964).

Vaucheria terrestris sensu Götz var. **major** Rieth 1965 a (Fig. 38)

Unterscheidet sich von der Stammart durch die Größe.
Maße:

(Nach zwei Populationen aus China sowie die daraus resultierenden Grenzwerte).

		I	
Thallusfaden	D.	41,5 – 67,5 – 99,0 (119,5)	
Oogon	D.	(106,5) 117,0 – 140,5 – 166,5	
	L.	(145,5) 153,5 – 187,0 – 218,5 (226,0)	
	L/D	1,07 – 1,35 – 1,63 (1,83)	
Antheridium	r_1/r_2	2,6 – 5,3	
		II	III
Thallusfaden	D.	62,5 – 96,0 – 135,0 (151,0)	41,5 – 151,0
Oogon	D.	(109,0) 122,0 – 140,5 – 161,0 (174,0)	106,5 – 174,0
	L.	158,0 – 192,5 – 226,0	145,5 – 226,0
	L/D	1,16 – 1,37 – 1,75	1,07 – 1,83
Antheridium	r_1/r_2	2,9 – 5,5	2,6 – 5,5

Vorkommen: Moorige Wiesen, Wegepfützen.
Verbreitung: Europa, Asien (China).

21. Vaucheria hamata sensu Götz 1897 (Fig. 39)
(*Vaucheria prona* Christensen 1970)

Monözisch. Der den bisexuellen Fruchtstand terminierende Antheridialast ist von seiner Basis an hornartig mit 8/8 bis 12/8 Umgängen gewunden, das röhrenförmige Antheridium hat daran einen Anteil von 4/8–7/8 Windungen. Es wird in der Regel von zwei relativ kurzstieligen Oogonialästen symmetrisch eingerahmt. Stände mit nur einem Oogon sind weniger häufig, solche mit 3 Oogonien ausgesprochen selten. Die Scheitelhöhe der Oogonialäste überragt den Antheridialast nicht, sondern beide erreichen etwa das gleiche Niveau. Es entsteht so eine aus Antheridialastrücken und Oogonstielen gebildete breite Schulter. Die Niveaugleichheit von Antheridialspirale und Oogon bedingt bei Ständen mit solitärem Oogon, daß die Symmetrieebenen beider Organe nicht wie bei *V. terrestris* zusammenfallen, sondern unter einem Winkel zueinander stehen müssen (Fig. 40). Der die Sexualorgane tragende apikale Teil des Kurztriebes ist in Richtung der Symmetrieebene des Antheridialastes übergeneigt. Die bilateralsymmetrischen in der Aufsicht auf ihre Symmetrieebene mit hochrückig konvexer Dorsal- und nur wenig entwickelter schwach konvex bis planer Ventralseite erscheinenden Oogonien tragen die Befruchtungsöffnung auf einer kleinen, aber deutlich ausgeprägten Papille. Sie hängen nach unten innen dem Antheridialast so zugebogen, daß ihre Symmetrieebenen abwärts auf die durch Antheridialschnecke und Fruchtstandslängsachse bestimmte Symmetrieebene zu konvergieren. Die Befruchtungsöffnung ist nach hinten unten dem Fruchtaststiel, bzw. dem Antheridium zugewandt. Die das Oogon vollständig erfüllende Oospore weist bei der Reife einen dunkelbraunen bis schwarzen Zentralfleck auf. Der Keimriß entsteht an der Bauchseite (Fig. 39: i).

An typischen Standorten ist der Fruchtstandsstiel relativ kurz, bei Kultur in wässrigen Medien wird er lang. Proliferationen im Sexualorganbereich zu

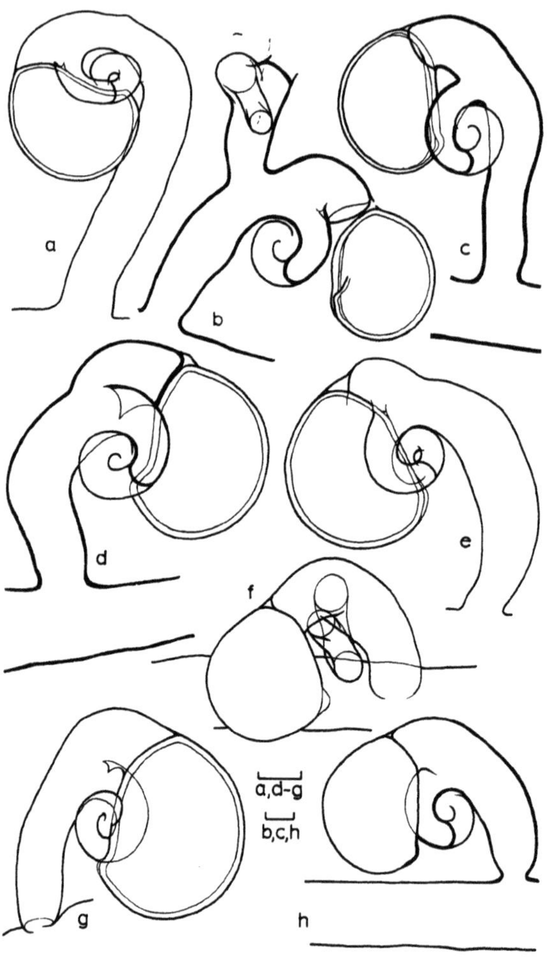

Fig. 38. *Vaucheria terrestris* var. *major*. *a, c–h* Habitus des Fruchtastes, *b* Proliferation (Original).

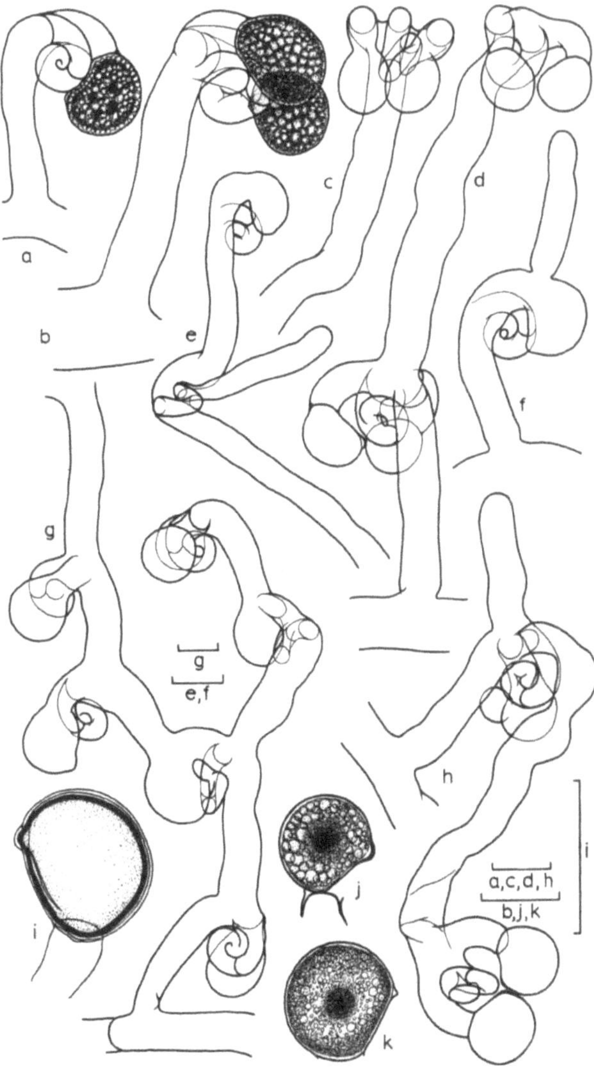

Fig. 39. *Vaucheria hamata. a–c* Fruchtasthabitus, *d–h* Fruchtast-Proliferationen, *i–k* reife Oosporen, in *i* mit Keimspalt.

mehretagigen Ständen sind fast die Regel, die Durchwachsung erfolgt meist von der Antheridialastschulter aus (Fig. 39: d, g, h).

Maße:

(Nach drei an Kulturen genauer untersuchten Populationen, I aus China, II und III aus Kuba. Unter IV sind die Grenzwerte angeführt).

		I	II
Thallusfaden	D.	28,5 – 44,0 – 80,5 (93,5)	28,5 – 41,5 – 57,5
Antheridium	D.	–	15,5 – 18,0 – 21,0
Oogon	D.	44,0 – 56,0 – 80,5	36,5 – 49,5 – 57,0
	L.	57,0 – 70,0 – 93,6	(44,0) – 49,5 – 60,0 – 70,0
	L/D	1,04 – 1,22 – 1,46	1,05 – 1,22 – 1,44
Fruchtast	L.		
1 Etage		120,0 – 365,0	130,0 – 416,0

		III	IV
Thallusfaden	D.	26,0 – 42,0 – 62,5	24,0 – 110,0
Antheridium	D.	13,0 – 18,0 – 21,0	12,0 – 26,0
Oogon	D.	41,5 – 55,0 – 65,0	36,0 – 95,0
	L.	(47,0) 54,5 – 66,0 – 80,5	43,0 – 100,0
	L/D	1,04 – 1,17 – 1,44 (1,53)	1,04 – 1,53
Fruchtast	L.		
1 Etage		119,5 – 338,0	
2 Etagen		260,0 – 448,0	

Vorkommen: Auf feuchter, jedoch nicht triefend nasser Erde, in Gärten oft typische filzige, stumpf gelbgrüne Überzüge bildend, seltener in stehendem und fließendem Wasser.

Verbreitung: Wahrscheinlich kosmopolitisch.

22. **Vaucheria walzi** Rothert 1896 a (Fig. 41)

(*Vaucheria racemosa* (Vaucher) de Candolle in de Lamarck et de Candolle 1805)

Vaucheria uncinata sensu Rabenhorst 1868 non *Vaucheria uncinata* Kützing 1856. Auch Götz und Heering verwendeten *Vaucheria uncinata* im Sinne von Rabenhorst, während die Kützing'sche *Vaucheria uncinata* *Vaucheria arrhyncha* Heidinger entspricht.

Da Rothert in beiden Publikationen (1896 a u. b) «*walzi*» schreibt sehe ich keinen Grund zur Änderung.

Rothert hat die charakteristische Morphologie der Art so treffend geschildert, daß ich hier im wesentlichen seiner Darstellung folge, nur einiges ergänze. Monözisch. Der den in der Regel sehr kurz gestielten bisexuellen Fruchtast abschließende zylindrische Antheridialast ist mit 7/8–10/8 (–12/8) Umgängen gewunden, woran das Antheridium mit 4/8–9/8 Windungen beteiligt ist. Oogonien zu 2–5 (–7) auf gekrümmten Stielen, welche unterhalb der Antheridialschnecke zweizeilig, distich an den Flanken des Kurztriebes entspringen. Bei paariger Anzahl pflegen sie einander ziemlich genau opponiert in dimeren Wirteln zu stehen, bei unpaarer Anzahl sind sie entweder ebenfalls gegenständig, mit Ausnahme des einen ohne Partner bleibenden, oder sie alternieren. Die Krümmungsebene der Oogonäste ist zu derjenigen des Fruchtastes und des Antheridiums ungefähr senkrecht, so daß die Befruchtungsöffnungen der Oogonien einander und dem Antheridium zugekehrt sind. In der Aufsicht von oben, d.h. den Basisteil des Fruchtastes aufrecht sehend, erscheint der Fruchtzweig samt Antheridialast in einer zum Tragfaden des Kurztriebs senkrechten Ebene gekrümmt (Fig. 41: b), die Oogonialäste sind in annähernd horizontalen, unter sich und zum Mutterfaden parallelen Ebenen gelegen (Fig. 41: b, g). Allerdings ist die Krümmungsebene der Oogonzweige praktisch fast nie genau horizontal und parallel zum Tragfaden, sie ist vielmehr meist etwas von der Horizontalen abweichend und zwar gewöhnlich nach innen unten, so, daß die Befruchtungsöffnungen ein wenig nach abwärts, zum Mutterfaden zu gerichtet sind. Manchmal geht die Ablenkung soweit, daß die Oogonien hängend erscheinen. Als Ergebnis sind die beiden Oogonialäste eines dimeren Wirtels nicht in derselben Ebene gekrümmt, sondern ihre Krümmungsebenen bilden in diesen Fällen miteinander einen ± spitzen, nach oben offenen Winkel. Enthält der Fruchtstand nur zwei Oogonialäste, so erinnert seine Form an eine Person, die sich vorbeugt, um eine kleinere zu umarmen, wobei der Kopf dem Antheridium, die Arme den Oogonästen entsprechen.

Die von den Oosporen völlig erfüllten Oogonien (Ausnahme f. *rostrata*) sind bilateralsymmetrisch mit hochrückig stark konvexer Dorsal- und planer bis fast planer Ventralseite. Sie fallen bei der Reife mit der Oospore, die einen schwarzen, zentralen Pigmentfleck (selten mehrere) aufweist, ab. Der Keimriß liegt an der Ventralseite (Fig. 41: k, l).

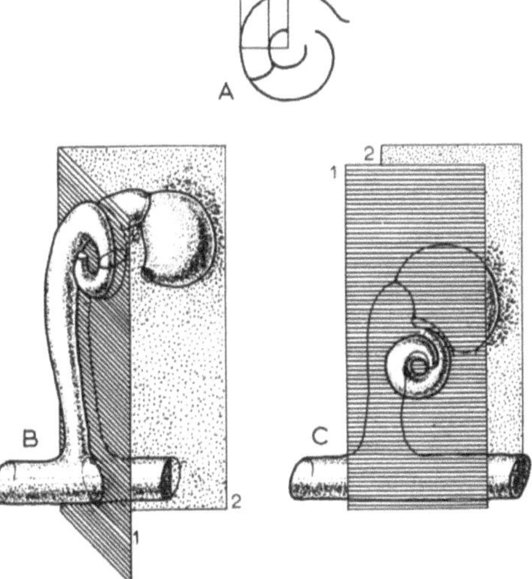

Fig. 40. Krümmungsradien des Antheridiums und Lage der Symmetrieebenen von Oogon und Antheridium bei *V. hamata* (B) und *V. terrestris* (C) (n. Rieth 1965).

Auch bei dieser Art ist eine Proliferation der Fruchtzweige nicht selten, sie führt zu mehretagigen Ständen und erfolgt in der Regel durch Austrieb vom Rücken des Antheridialastes (Fig. 41: d, h).

Ungeschlechtliche Vermehrung durch in Sporangien an sehr kurzen Seitenästen (die gelegentlich auch an Fruchtständen entspringen – Fig. 41: e) gebildete, eiförmige bis ellipsoidische oder kugelförmige Aplanosporen fast immer zu finden. Auf feuchter Erde sind die Fäden oft mit gut entwickelten Faserrhizoiden verankert. Häufig mit Rädertiergallen.

Maße:

(Werte nach drei an Kulturen beobachteten Populationen, I aus dem Harzvorland, II und III aus China, in der Spalte IV ist die Variationsbreite angegeben).

		I	II
Thallusfaden	D.	47,0 – 54,5 – 65,0	47,0 – 87,0 – 143,0
Antheridien	D.	–	–
Oogon	D.	60,0 – 67,5 – 75,5	49,5 – 67,5 – 80,5
	L.	78,0 – 91,0 – 106,5	60,0 – 80,5 – 101,5
	L/D	1,00 – 1,37 – 1,55	1,00 – 1,22 – 1,57
Aplanosporen	D.	–	–
	L.	–	–

		III	IV
Thallusfaden	D.	(44,0) 52,0 – 86,0 – 109,0 (125,0)	42,0 – 170,0
Antheridien	D.	–	17,0 – 31,0
Oogon	D.	54,5 – 70,0 – 80,5	49,5 – 88,0
	L.	70,0 – 88,5 – 109,0	60,0 – 109,0
	L/D	1,11 – 1,27 – 1,51	–
Aplanosporen	D.	120,0 – 150,0	100,0 – 218,0
	L.	152,0 – 180,0	117,0 – 234,0

Vorkommen: In Bächen, Gräben, Wagenspurrinnen und ihrer feuchten Umgebung, zuweilen mit *Botrydium* zusammen, an quelligen Stellen. Erträgt auch verschmutztes Wasser.

Verbreitung: Europa, Nordamerika, Asien (China, Indien, Japan) Nordafrika.

Vaucheria walzi Rothert f. **rostrata** Rieth 1980 (Fig. 41: j)

Die Form unterscheidet sich von der Stammart bei sonst guter Übereinstimmung durch breitmundig, geschnabelte Oogonien und etwas größere Oosporen.

Maße:

Thallusfaden	D.	62,5 – 86,0 – 106,5 (–125,0)
Oospore	D.	65,0 – 78,0 – 93,5
	L.	83,0 – 96,0 – 117,0
	L/D	1,13 – 1,27 – 1,52

Vorkommen: In einem Süßwassergraben im Kleinen Hsingan, bei Wuying, China.

Verbreitung: Bisher nur vom Originalstandort bekannt, aber auch in Europa zu erwarten.

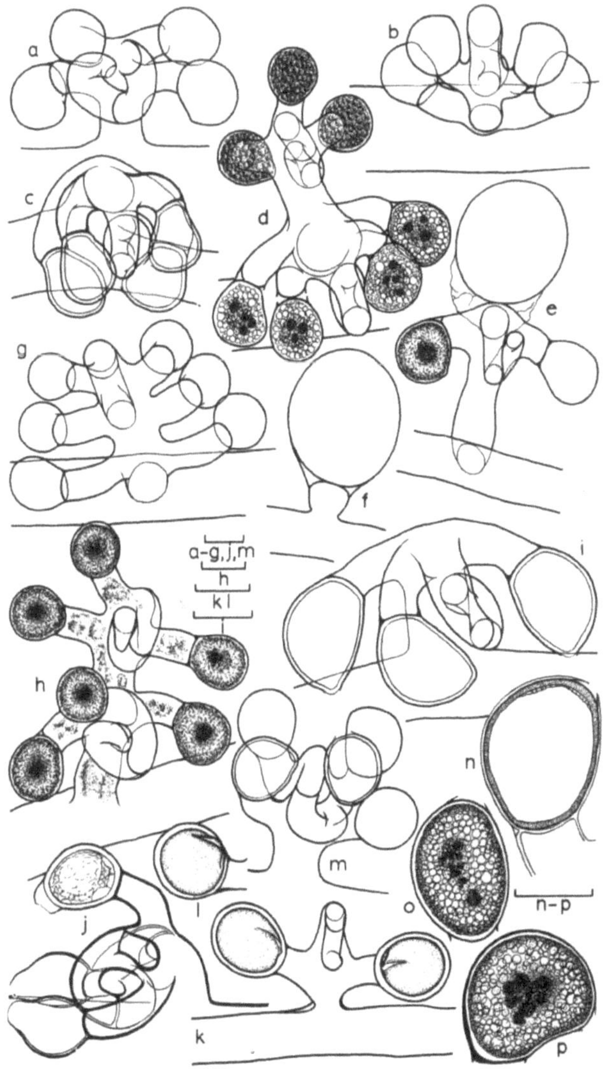

Fig. 41. *Vaucheria walzi (a–i, k–p); V. walzi* f. *rostrata (j). a–d, g–i, m* Fruchtstandshabitus, *e* am Fruchtast entstandene Aplanospore, *f* Aplanosporangium mit Aplanospore, *n–p* reife Zygoten, *k* Keimrißlage (Original).

23. Vaucheria megaspora Iwanoff 1897[1] (Fig. 42)

Monözisch. Die bisexuellen Fruchtäste finden sich kurzgestielt seitenständig am Tragfaden. Sie laufen terminal in einen mit etwa 8/8 Umgängen gewundenen Antheridialast aus. Auf das röhrenförmige, zum Ende zu stark verengte Antheridium entfallen 5/8 Windungen (nach der einzigen vorhandenen Abbildung des Antheridialastes zu schließen – Fig. 42: d). Unterhalb der Antheridialschnecke sitzen distich in dimeren Wirteln 2–3 (selten 4–5) deutlich gestielte Oogonien. Bei unpaarer Anzahl findet sich das partnerlose Oogon im obersten Wirtel. Die Oogonäste sind wie bei *V. walzi* nach innen, dem Antheridium zu gekrümmt. Die Oogonpapille bleibt geschlossen, so daß eine reguläre Befruchtung nicht erfolgen kann. Das Oogon wird vielmehr zur Parthenospore mit dreischichtiger Wand, bei der Reife farblos mit 1–2 braunen Pigmentflecken. Die weitere Entwicklung (Keimung?) ist nicht bekannt. An Stelle der nach diesen Angaben nicht normal funktionsfähig werdenden sexuellen Fortpflanzungsorgane übernehmen vegetative Vermehrungskörper, Akineten, vorrangig die Erhaltung der Art. Sie entstehen als dem Tragfaden direkt seitlich ansitzende, oder seltener ihn beendende ellipsoidische, tiefgrüne Kurztriebe. Nach ihrer Bildung stirbt das sie erzeugende Fadenstück ab. Die Keimung erfolgt apikal (Fig. 42: f), nur ausnahmsweise basal (Fig. 42: e). Die Bildung der Fruchtäste wird durch Licht gefördert, die der Akineten dagegen durch schwache Beleuchtung und tiefe Temperaturen.

Maße:

(Nach Iwanoff, andere Messungen liegen in der Literatur nicht vor).

Thallusfaden	D.	80,0 – 100,0 – 132,0
Oogon	D.	73,0 – 93,0
	L.	100,0 – 117,0
Akinete	D.	200,0 – 220,0
	L.	300,0 – 395,0

Vorkommen: In 3,5 bis 1,5 m Tiefe in Süßwasserseen, reichlich mit Fruchtästen jedoch nur in Tiefen von 0,75 – 0,50 m, Akineten dagegen vorwiegend in der Tiefe.

Verbreitung: Bisher nur aus zwei Seen in Osteuropa bekannt.

Aus der Beschreibung Iwanoffs bekommt man den Eindruck, daß es sich bei *V. megaspora* um eine den besonderen Verhältnissen des Lebensraumes angepaßte Form von *V. walzi* handeln könnte. Eine gründliche Nachuntersuchung der Art an Kulturen wäre wünschenswert.

Für Europa bisher nicht angegeben sind aus der Subsektion Racemosae:

V. gardneri Collins 1907, Rhodora **9** (1907): 201–202; = *V. geminata* f. *pedunculata* Heering 1907, Jahrb. Hamburg. Wiss. Anst. **XXIV** (1906): 158. (Nordamerika, Südamerika, Osteuropa (?)).

[1] Siehe auch Iwanoff 1899!

Fig. 42. *Vaucheria megaspora. a, b, g, h* Parthenosporen, *c, e, f* Akineten, *d* Antheridium (n. Iwanoff 1900).

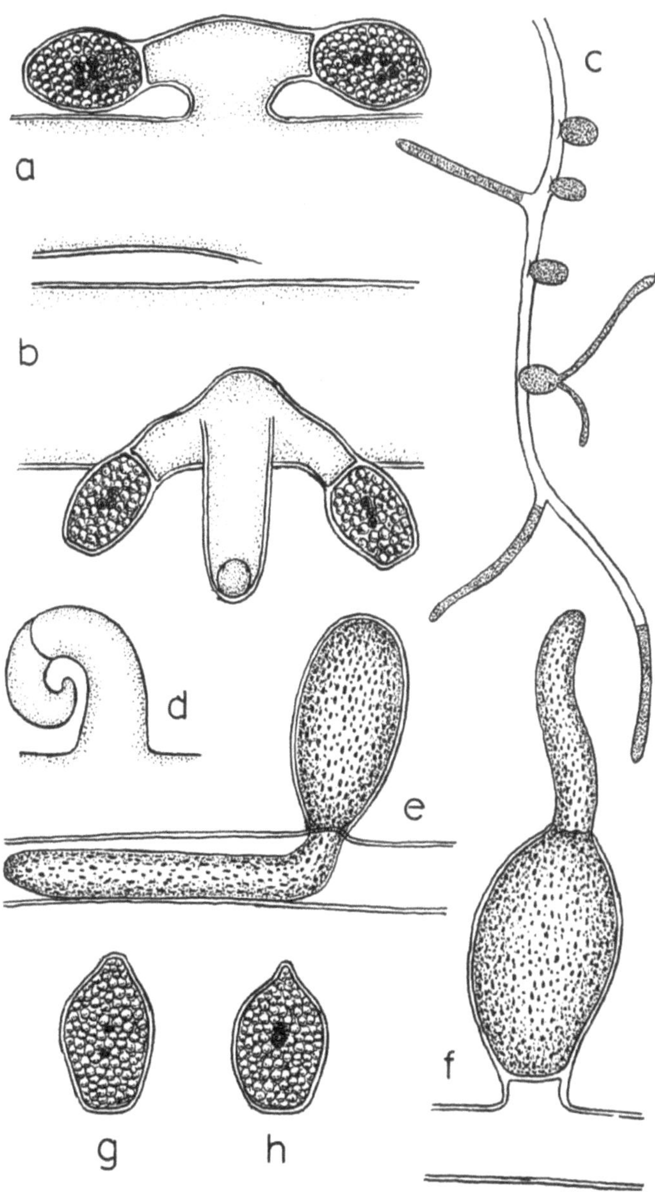
a
b
c
d
e
f
g
h

V. discoidea Taft 1937, Bull. Torrey Bot. Club **64** (1937): 557. (Nordamerika).

V. amphibia Randhawa 1939, Arch. Protistenk. **92** (1939): 540–542. (Indien).

V. pseudomonoica Fritsch et Rich 1924, Trans. Roy. Soc. South Africa **XI** (1924): 322–323. (Südafrika).

V. orientalis West, W. et West, G. S. 1907, An. Roy. Bot. Garden, Calcutta VI (II) (1907): 184. (Burma (vielleicht halophil?)).

V. adunca Jao 1939, Sinensia X (1939): 150–151. (China, (die Angabe «Nordafrika» dürfte irrig sein und sich auf *V. erythrospora* beziehen)).

V. scrobiculata Magnus et Wille 1884, Bih. K. Svenska Vet.-Akad. Handlingar **8** (18) (1884): 38–39. (Südamerika (Nordafrika?)).

5. Sektion Anomalae Hansgirg 1886

Prodromus der Algenflora von Böhmen I. Prag 1886: 234.

Sexualorgane in bisexuellen seitenständigen Kurztrieben mit terminalem Antheridium. Antheridialast gerade bis hakenartig oder hornförmig eingekrümmt. Antheridium am Ende kissen- oder hammerkopfartig angeschwollen und dort mehrere (2–4 (–5)) auf ± vorspringenden Papillen liegende Entleerungsöffnungen tragend.

Bestimmungsschlüssel der Arten der Sektion Anomalae

1a Antheridialast hornartig eingekrümmt, mittlere Oogonlänge über 75 µm **2**
1b Stielteil des Antheridialastes gerade oder nur leicht gekrümmt, Antheridien gerade oder seltener am Ende plötzlich hakenartig abgebogen. Mittlere Oogonlänge unter 70 µm . . . . . . **25. V. debaryana** (S. 106)
2a Oogon ungeschnabelt mit einer auf wenig prominenter Papille liegenden Befruchtungsöffnung . . . . **24. V. woroniniana** (S. 102)
2b Oogon mit kurzem gegabeltem, zwei Befruchtungsöffnungen tragendem Schnabel . . . . **26. V. birostris** (S. 111)

24. Vaucheria woroniniana Heering 1907 (Fig. 43, 44)
(*Vaucheria canalicularis* (L.) Christensen 1968)

Monözisch. Der den bisexuellen seitlichen Kurztrieb (zuweilen auch einen normalen Thallusast) beendende Antheridialzweig ist ähnlich den Verhältnissen bei den Arten der Sektion Corniculatae ± stark bis zu etwa 8/8 Windungen eingerollt. Das terminale Antheridium beginnt an seiner Basis

Fig. 43. *Vaucheria woroniniana* f. *woroniniana*. *a–d* Habitus der Fruchtäste, *d* Antheridium mit abwärts gerichteten Entleerungspapillen, *e, f* Antheridienenden mit Entleerungsporen, *g* Aplanosporangium mit Aplanospore, *h* in situ gekeimte Oospore, *i, j,*

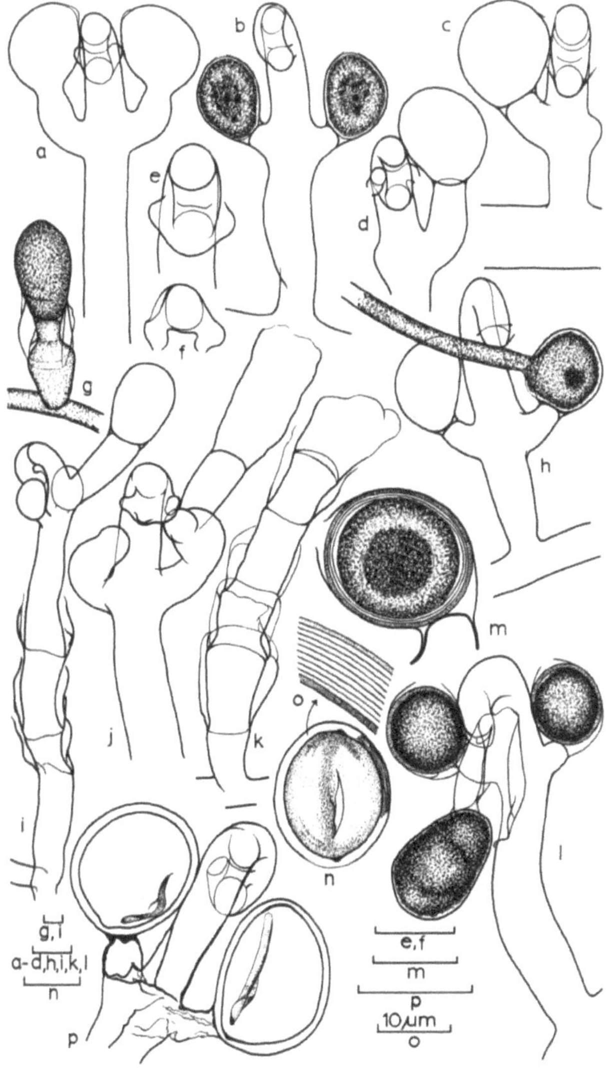

l am Fruchtast durch Proliferation entstandene Aplanosporangien, *k* durch sukzessive Aplanosporenbildung «geschachtelte» Sporangien (s. auch *i!*), *m*, *n* reife Zygoten, *o* Zygotenwand, *p* Keimrißlage (Original).

röhrenförmig und verbreitert sich am Apikalende nach beiden Seiten seiner Symmetrieebene (die auch die Längsachse des Fruchtastes einschließt) zu einem hammerkopfartigen Gebilde. An den den Schlagflächen des Hammers entsprechenden Stellen findet sich auf einer ± ausgeprägten Papille je eine Entleerungspore die in der Regel nach der Seite oder aufwärts in Richtung zum Antheridialscheitel zu gerichtet ist. Selten finden sich Populationen mit abwärts zum Tragfaden zu gerichteten Poren (Fig. 43: d). Gelegentlich sind auch die Enden der beiden Hammerarme wiederum, nun in Richtung parallel zur oben genannten Symmetrieebene, etwas angeschwollen und tragen jeweils zwei gegenständige Papillen mit Entleerungsporen, in diesen Fällen weist das Antheridium 4 Poren auf (f. *quadripora*) (Fig. 44: g). Dicht unterhalb des Antheridialastes entspringen paarig, gegenständig ihn einrahmend, zwei relativ kurzgestielte aufrechte Oogonien, selten nur ein Oogonialast. Isoliert betrachtet sind die Oogonien etwa rotationsoval, werden aber durch den etwas exzentrisch zur Rotationsachse ansitzenden Stiel bilateralsymmetrisch. Ihre Symmetrieebene steht zu der des Antheridialastes etwa senkrecht. Die Scheitelhöhe der Oogonien bleibt meist etwas unter dem höchsten Punkt des Antheridialastbogens, seltener erreicht sie das gleiche Niveau. Die relativ großporige Befruchtungsöffnung ist in der Regel kaum besonders papillenartig emporgehoben. Oospore das Oogon völlig erfüllend, bei der Reife farblos mit diffus begrenztem gelblich-rotem bis bräunlich-rotem zentralem Pigmentfleck, vom Oogon umhüllt abfallend. Äußere Sporenwand 4–8 schichtig fein lamelliert, innere Wand dünn. Der Keimriß entsteht an der der Antheridialschnecke zugekehrten Ventralseite (Fig. 43: h, p).

Vegetative Vermehrung durch Aplanosporenbildung häufig. Sie erfolgt in Sporangien, die sich an besonderen, seitenständigen Kurztrieben oder an Fadenenden bilden. Gelegentlich entstehen solche Triebe auch im Sexualorganbereich als apikale Durchwachsungen nicht funktionsfähig gewordener Oogonien (Fig. 43: j) oder Antheridien (Fig. 43: l). Sukzessive Durchwachsungen, an den ineinandergeschachtelten Sporangienhüllen erkennbar, (Fig. 43: i, k) bedingen, daß an einem Sporangialast in rhythmischer Abfolge zahlreiche Sporen produziert werden können.

Proliferationen im Fruchtstandsbereich treten oft auf, meist als vegetative Durchwachsungen nicht funktionsfähig gewordener Oogonien oder aus den Oogonstielen unterhalb des Oogons. (Fig. 44: b).

Im allgemeinen Habitus ähnelt die Art *Vaucheria geminata* mit der sie sicherlich oft verwechselt wurde.

Infraspezifische Gliederung

Bestimmungsschlüssel der infraspezifischen Taxa

1a Oogonien relativ kurz gestielt, aufrecht **2**
1b Oogonien an langen um 180° scharf nach abwärts gekrümmten Stielen hängend, die Befruchtungspore dem Tragfaden zugewandt . f. **pendula**
2a Antheridium mit zwei seitlichen Entleerungsporen . . . f. **woroniniana**
2b Antheridium mit 4 seitlichen, paarig angeordneten Poren . . . . f. **quadripora**

Vaucheria woroniniana Heering f. **woroniniana** (Fig. 43)

Maße:

Werte nach Kulturen einer Population aus Helgoland (I), Gatersleben (II), Tirol (III), sowie Grenzwerte daraus und aus der Literatur IV.

		I	II
Thallusfaden	D.	25,0 – 45,0 – 70,0	30,0 – 50,0 – 70,0
Oosporen	D.	55,0 – 75,0 – 100,0 (115,0)	60,0 – 75,0 – 90,0
	L.	65,0 – 92,0 – 125,0 (115,0)	80,0 – 100,0 – 120,0
	L/D	1,00 – 1,26 – 1,50	1,00 – 1,30 – 1,60 (1,70)
Aplanosporen	D.	–	–
	L.	–	–
		III	IV
Thallusfaden	D.	57,0 – 77,5 – 108,0 (115,0)	21,0 – 115,0
Oosporen	D.	95,0 – 112,5 – 135,0	55,0 – 135,0
	L.	(105,0) 112,5 – 130,0 – 155,0	65,0 – 158,0
	L/D	–	–
Aplanosporen	D.	147,5 – 270,0	74,5 – 270,0
	L.	205,0 – 345,0	110,5 – 345,0

Vorkommen: In fließendem und stehendem Süßwasser, auch auf feuchter Erde. Kalktuff bildend in Bächen (z. B. bei Jena), gedeiht aber auch in schwach salzhaltigem Milieu (0,5 % Salzgehalt). Bildet schmutzig- bis dunkelgrüne hahnenkammartige Polster.

Verbreitung: Europa, Nordafrika, Nordamerika, Asien (China).

Vaucheria woroniniana f. **pendula** (Götz) Heering 1907 (Fig. 44: a)

Maße:

(Nach Götz)

Thallusfaden	D.	60,5 – 71,5
Oosporen	D.	71,5 – 77,0
	L.	82,0 – 99,0

Vorkommen: In einem Süßwasserbächlein dicke, polsterartig kurz geschorene Rasen von gelb- bis blaugrüner Farbe bildend.

Verbreitung: Bisher wohl nur vom Originalstandort bei Lörrach bekannt. Eine Bestätigung durch Neufunde wäre erwünscht. Als Ausnahme in einer sonst der Normalform entsprechenden Population fand ich einmal einen einzigen Fruchtast des *pendula*-Typs.

Vaucheria woroniniana f. **quadripora** Rieth 1965 b (Fig. 44: e–k)

Maße:

(Nach einer kultivierten Population vom Originalstandort.)

Thallusfaden	D.	47,0 – 65,0 – 91,0 (101,5)
Oogon	D.	(80,5) 88,5 – 105,0 – 122,0 (135,0)
	L.	104,0 – 130,0 – 166,5
Oospore	D.	86,0 – 101,5 – 119,5
	L.	(99,0) 104,0 – 127,5 – 156,0
	L/D	(0,98) 1,05 – 1,28 – 1,45

Aplanospore	D.	192,5 – 265,0
	L.	205,5 – 273,0

Vorkommen: Am Ufer eines Gebirgsflusses in etwa 2800 m Meereshöhe im Hissargebirge zusammen mit *V. debaryana.*

Verbreitung: Bisher nur vom Originalstandort im Hissargebirge bei Duschanbe (Asien) bekannt.

Die Tendenz zur Porenvermehrung am Antheridium findet sich auch bei manchen europäischen Herkünften der Art, betrifft dort aber nur einzelne Antheridien, nicht einheitlich eine ganze Population. Trotzdem kann mit dem Auftreten der Form auch in unserem Raum gerechnet werden.

25. Vaucheria debaryana Woronin 1880 (Fig. 45, 46)
(*Vaucheria cruciata* (Vauch.) DC. in de Lamarck et de Candolle 1805)

Monözisch. Sexualorgane an bisexuellen seitenständigen Kurztrieben, die meist relativ kurz, zuweilen aber auch länger gestielt sind und mit einem gerade aufrechtstehenden, kaum gekrümmten Antheridialast enden. Das terminale Antheridium ist im Verhältnis zu seinem Stiel recht kurz, kissenartig angeschwollen und in der Masse der Fälle mit zwei seitlichen Ausstülpungen versehen, welche die Entleerungsporen tragen. «Das Antheridium erhält auf diese Weise eine Form, die am besten zu vergleichen ist mit dem Handgriffe eines Krückenstockes». Anstatt zwei solcher Protuberanzen finden sich, in manchen Populationen gehäuft, deren 3–5 (–6) und das Antheridium nimmt dann eine drei- oder viereckige, bzw. auch unregelmäßig morgensternartige Form an. Gelegentlich ist es auch in seinem Basalteil hakenartig abgebogen. Seitlich unterhalb des Antheridialastes entspringt ein ihm parallel laufender, aufrecht stehender Oogonialzweig, der auf in der Regel kurzem Stiel das rotationsoval bis fast kugelförmige, ebenfalls aufrechte Oogon trägt. Apikal an dessen Scheitel findet sich auf ± ausgeprägt entwickelter, warzenförmiger Papille die nach oben gerichtete Befruchtungspore (Fig. 45: e). Stände mit zwei gegenständigen, den Antheridialast symmetrisch einrahmenden Oogonien sind häufig (Fig. 45: a–d), während drei wirtelständige Oogonialäste sehr selten auftreten. Die Oospore erfüllt das Oogon vollständig, bei der Reife ist sie dünnwandig, farblos mit zentralem schwarzem Pigmentfleck. Der bei dieser Art kreisförmige Keimriß findet sich basal, der Ansatzstelle des Oogons am Stiel zugewandt (Fig. 45: f, j; Fig. 9: 7,8).

Proliferationen im Fruchtstandsbereich sind häufig. Meist gehen sie vom Antheridialast aus. Er wächst entweder ohne Anlage eines Antheridiums apikal, oder aus einer der Papillen des nicht funktionsfähig gewordenen Organs mit einem neuen bisexuellen Kurztrieb durch (Fig. 45: h). Zuweilen entspringt der Erneuerungstrieb auch dicht unterhalb der das Antheridium abgrenzenden Wand (Fig. 45: i). Seltener wird ein neuer Fruchtstand unterhalb des Oogonwirtels angelegt (Fig. 45: g).

Auch Populationen mit einer auffälligen Vermehrung der Antheridialäste, bis zu 4 in einem Fruchtstand, verbunden mit Vergrößerung der Entleerungsporenzahl des Antheridiums bis zu 6, wurden beobachtet. Die Verzweigung des Fruchtastes erfolgt in diesen Fällen etwa in Höhe der Oogonstielansatzstelle, jedoch etwas ungleichmäßig, so daß von einer Quirlstän-

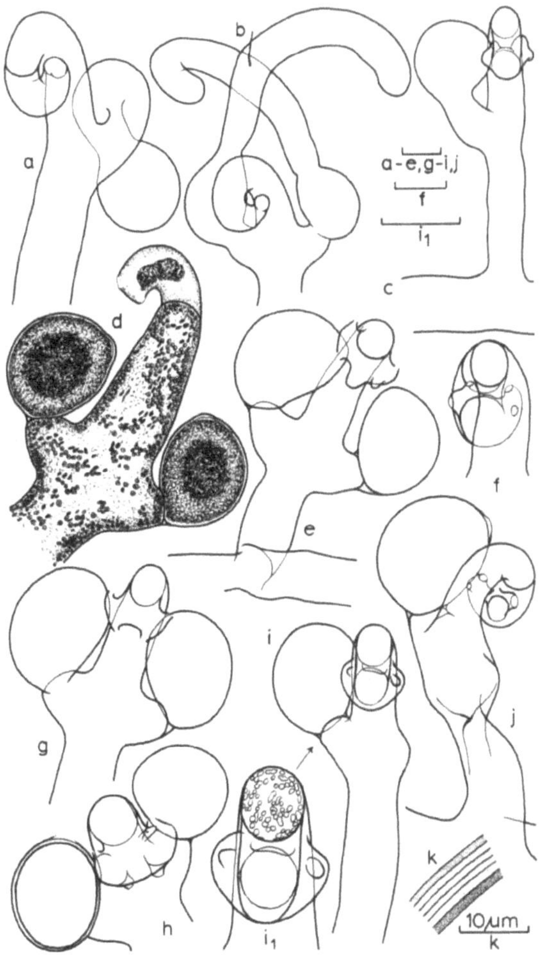

Fig. 44. *Vaucheria woroniniana* f. *woroniniana* f. *pendula (a.)*; f. *quadripora (e–k)*. *a* eine der f. *pendula* ähnelnde Form aus in der Masse Sexualorganstände des f. *woroniniana*-Typs tragendem Material, *b* mit vegetativen Fäden durchgewachsene Oogonanlagen, *d* zweiporiges Antheridium ohne die charakteristische hammerartige Anschwellung. *k* Oosporenwandstruktur (Original).

digkeit im strengen Sinne nicht gesprochen werden kann (f. *polyandra*). Der Form *polyandra* dürfte innerhalb der *V. debaryana* eine ähnliche Bildungstendenz zugrunde liegen wie die der «*Vaucheria longata*» ihre Entstehung aus *V. geminata* verdankt.

Infraspezifische Gliederung

Bestimmungsschlüssel der infraspezifischen Taxa

1a Bisexuelle Kurztriebe mit einem Antheridialast, Antheridien vorwiegend mit 2 Poren, Fruchtstände mit 1–2 Oogonien . . . . f. **debaryana**
1b Bisexuelle Kurztriebe mit 2–4 Antheridialästen, Antheridien mit 2–6 Poren, Fruchtstände mit 1, selten 2 Oogonien . . . . f. **polyandra**

Vaucheria debaryana Woronin f. **debaryana** (Fig. 45)

Maße:

(Werte nach kultivierten Populationen aus dem Pamir (I), aus Tirol (II) und aus dem Harz (III), Spalte IV gibt die daraus und aus den Angaben in der Literatur sich ergebenden Grenzwerte).

		I	II
Thallusfaden	D.	26,0 – 31,0 – 39,0	22,5 – 30,0 – 37,5
Antheridium[2]	D.	–	–
Oogon	D.	54,5 – 57,0 – 62,5	47,5 – 59,0 – 70,0
	L.	60,0 – 67,5 – 75,5	60,0 – 75,0 – 87,5
	L/D	1,09 – 1,32	1,07 – 1,20 – 1,37
Oospore	D.	–	42,5 – 56,0 – 70,0
	L.	–	52,5 – 69,0 – 87,5
Fruchtast[3]	L.	160 – 220 – 350	130 – 218
		III[1]	IV
Thallusfaden	D.	10,5 – 16,0 – 23,5	10,5 – 67,0
Antheridium[2]	D.	14,5 – 19,5	–
Oogon	D.	36,5 – 40,0 – 44,0	35,0 – 75,0
	L.	39,0 – 47,0 – 52,0	39,0 – 88,0
	L/D	1,00 – 1,26	1,00 – 1,37
Oospore	D.	–	30,0 – 75,0
	L.	–	32,0 – 88,0
Fruchtast[3]	L.	–	130 – 350

Vorkommen: In Bergbächen, auch in stark kalkhaltigen Wasserläufen und an ihren Ufern, auch in Brunnen und an Waldwegpfützen, oft Kalk inkrustiert.

Verbreitung: Augenscheinlich nicht selten, aber wohl oft übersehen. Europa, Nordafrika, Asien (Japan, China).

---

[1] Diese in den Meßwerten sehr kleine Form vom Rande von Waldwegpfützen ist noch zierlicher als die von Theodoresco 1906 beschriebene f. *minor* (Beih. Bot. Centralbl. **XXI**, 2. Abt. (1906):168). Ich halte eine Abtrennung einer f. *minor* nicht für erforderlich, sondern beziehe sie in den Variationsbereich der Art ein.

[2] An der Querwand gemessen

[3] Länge Tragfaden bis Antheridienscheitel

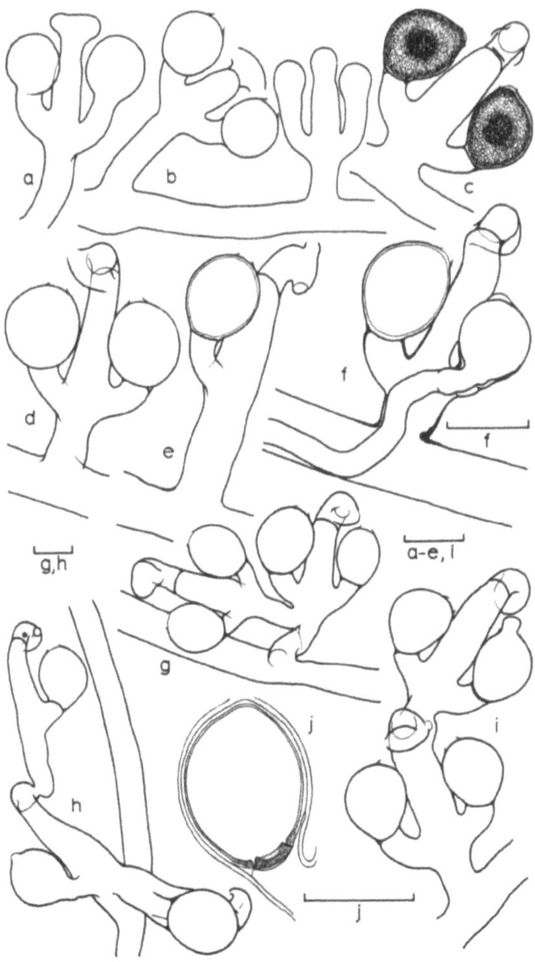

Fig. 45. *Vaucheria debaryana* f. *debaryana*. *a–e* Fruchtstandshabitus, in *b* junges Stadium, *f* Fruchtast mit in situ gekeimter Oospore, *g–i* Proliferationen im Fruchtastbereich, *j* reife Oospore gefärbt mit Laktophenolbaumwollblau, Keimporus (Original).

Vaucheria debaryana Woronin f. **polyandra** Rieth 1980 (Fig. 46)

Die Form ist charakterisiert durch eine Vermehrung der Antheridialäste von einem auf 2–4 je Fruchtstand. Sie nimmt zur f. *debaryana* etwa dieselbe Stellung ein wie die «*Vaucheria longata*» zur *V. geminata*, in beiden Fällen findet eine Vermehrung der Antheridialäste statt.

Vorkommen: In kalkhaltigem fließendem Süßwasser.

Verbreitung: Bisher nur vom Originalstandort bei Jena-Lobeda bekannt.

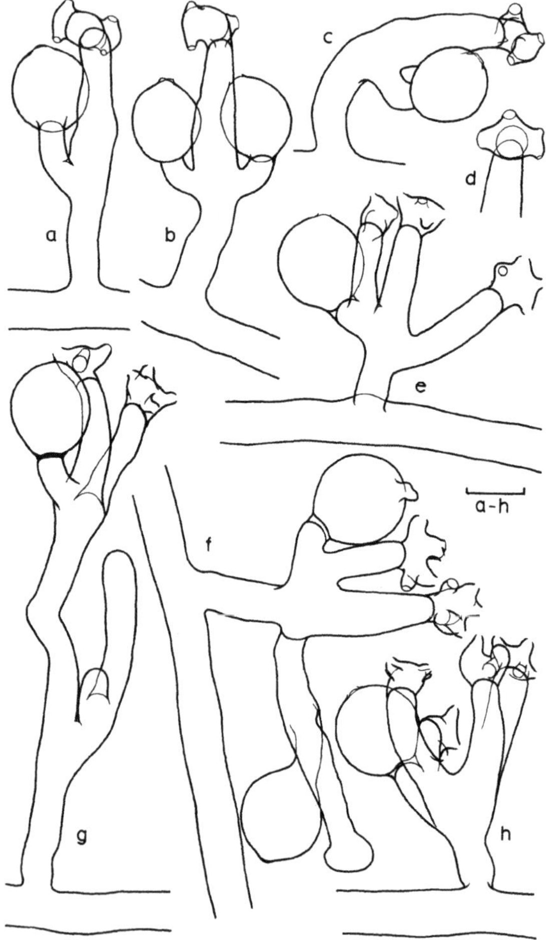

Fig. 46. *Vaucheria debaryana* f. *polyandra* Rieth (Original).

26. Vaucheria birostris Simons 1974 a (Fig. 47)

Monözisch. Sexualorgane in bisexuellen, am Tragfaden seitenständigen Kurztrieben, die mit einem hornartig eingekrümmten etwa 6/8–8/8 Windungen beschreibenden Antheridialast enden. Terminal weist er ein kissenartig erweitertes Antheridium auf, das durch zwei laterale, die Entleerungsporen tragende Ausstülpungen in der Aufsicht eine hammerkopfähnliche Form zeigt. An der Basis des Antheridialastes entspringen gegenständig zwei ihn symmetrisch einrahmende Oogonialzweige, bestehend aus je einem kurzgestielten, aufrechten Oogon dessen größte Längenerstreckung in einer etwa der Fruchtstandslängsachse parallelen, oder ihr apikal etwas zugeneigten Richtung liegt. Stände mit nur einem Oogonialast wurden nur in einem proliferierenden, 3 etagigen Fruchtast gesehen (Fig. 47: a), dürften aber auch sonst gelegentlich auftreten. Insoweit stimmt die Art in der Morphologie mit *V. woroniniana* überein. Sie unterscheidet sich jedoch charakteri-

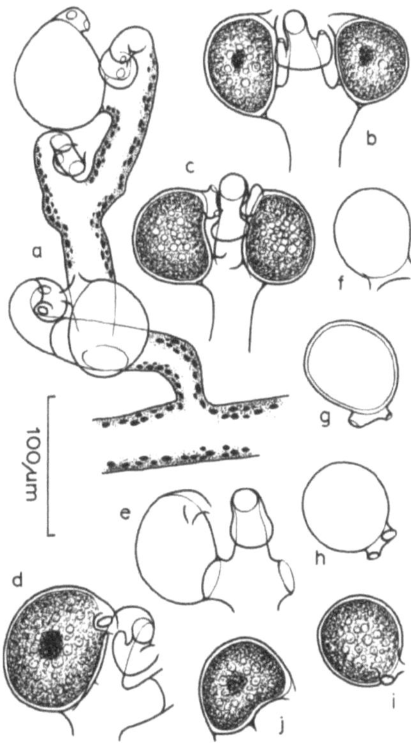

Fig. 47. *Vaucheria birostris* (n. Simons 1974).

stisch in der Ausformung der Apikalregion des Oogons. An Stelle einer kaum prominent hervortretenden, relativ weiten Befruchtungsöffnung findet sich hier ein kleiner bifurkater Schnabel mit zwei Befruchtungsporen. Sie sind schräg aufwärts dem Antheridialast zugekehrt. Nach den Angaben und den Abbildungen Simons zu urteilen trennt die Symmetrieebene des bilateralsymmetrischen Oogons (die der Längsachse des Fruchtastes parallel liegt und senkrecht zu der die Antheridialschnecke und die Fruchtstandslängsachse enthaltenden Ebene verläuft) in der Regel die beiden Schnabelarme so, daß ein Arm vor und einer hinter dieser Ebene liegt (Fig. 47: e). Da sich der Fruchtast im mikroskopischen Präparat meist derart präsentiert, daß die Symmetrieebene der Oogonien in der Aufsicht erscheint, verdeckt der vordere Schnabelarm häufig den hinteren. Die Art kann jedoch auch in dieser Lage mit scheinbar ungegabeltem Schnabel richtig angesprochen werden. *V. woroniniana*, mit der eine Verwechslung möglich wäre, hat nämlich ein stets schnabelloses Oogon. Die ei- bis nierenförmige, grau bis rötlichbraune Oospore mit zentralem dunklen Pigmentfleck erfüllt das Oogon mit Ausnahme des Schnabels. Ihre Wand ist dreischichtig mit lamelliertem Mesospor, Dicke 3,5–8,0 µm. Die reife Spore fällt mit dem Oogon ab.

Maße:

(Nach Simons)		
Thallusfaden	D.	(18,0) 26,0 – 40,0 (73,0)
Antheriden	L.	22,0 – 37,0
Oospore	D.	(51,0) 58,0 – 73,0 (84,0)
	L.	(59,0) 69,0 – 95,0 (110,0)
Fruchtast	L.	140,0 – 300,0

Vorkommen: Ephemer in temporär regenwassergefüllten Wagenspurrinnen im Wattengebiet, wahrscheinlich schwach salzhaltig, zusammen mit *V. medusa*, *V. woroniniana*, *V. alaskana*, auch *V. sessilis*.

Verbreitung: Bisher nur von der Insel Schiermonnikoog (Westfriesische Inseln) bekannt.

6. **Sektion Androphorae** Nordstedt 1879

Bot. Notiser 1879 (1879): 188.

Die mehr oder weniger hakenförmig gekrümmten Antheridien finden sich zu mehreren seitlich an dem angeschwollenen, chlorophyllhaltigen Terminalabschnitt (dem «Androphor») eines Kurztriebs, der durch einen Leerraum («Begrenzungszelle») vom Tragfaden getrennt, meist neben einem direkt am Mutterfaden sitzenden Oogonium zu finden ist (Fig. 7: 8).

Nur eine Art:

27. Vaucheria synandra Woronin 1869 (Fig. 48)

Monözisch. Die verschiedenartig, in ihrem oberen Bereich aber meist hakenförmig gekrümmten, kleinen, abgesehen von der Krümmung, keulenförmigen Antheridien stehen gesellig zu (2–) 4 oder 5 (–7) seitlich am oberen, angeschwollenen Abschnitt (dem «Androphor») eines keulenförmigen, zwei«zelligen» Kurztriebes, dessen basale «Zelle» ein Leerraum, die Begrenzungszelle, bildet (Fig. 48: a, e–h). Die männchentragenden Kurztriebe stehen etwas regellos am Mutterthallus, teils solitär, zumeist jedoch in unmit-

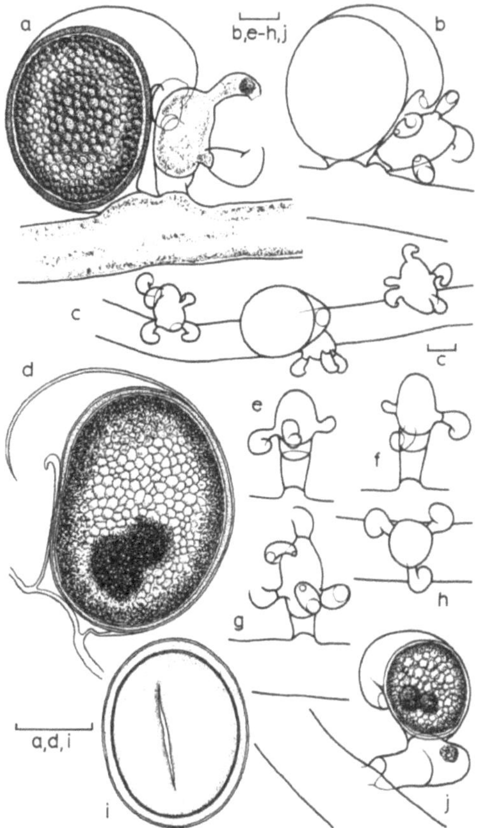

Fig. 48. *Vaucheria synandra. a, b* Typische Sexualorgangruppe, *c* Thallusfaden mit Sexualorganen, *d* reife Oospore im Oogon, *e–h* ♂ Äste mit Begrenzungszelle, Androphor und Antheridien, *i* reife Oospore mit Keimriß, *j* Abnormität, «gestieltes» Oogon (Original).

telbarer Nachbarschaft eines der ungestielt direkt dem Tragfaden ansitzenden, deutlich geschnabelten Oogoniums (Fig. 48: a, b). Der an der Basis breite Oogonschnabel verschmälert sich, unter hakenförmiger Einkrümmung, nach unten, rasch in eine porenförmige Befruchtungsöffnung (Fig. 48: d). Die Richtung der größten Längenerstreckung des in seiner Form an *V. aversa* erinnernden Oogons bildet mit einer Senkrechten auf den Tragfaden einen nach oben offenen spitzen Winkel, d. h. sie ist etwas dem Tragfaden zu geneigt. Im Extremfalle kann der Winkel 90° erreichen. Die größte Länge des Oogons liegt dann parallel zum Tragfaden. Im Gegensatz zum bilateralsymmetrischen Oogon ist die es im Schnabelbereich und gelegentlich auch basal nicht völlig erfüllende Oospore radialsymmetrisch, kugelförmig bis rotationsoval. Bei der Reife ist ihre Wand schwach gelblichbraun gefärbt, das Innere bis auf einen oder mehrere oft exzentrisch liegende schwarzbraune bis schwarze Pigmentflecke farblos. Wand ziemlich derb zweischichtig (ohne Oogonwand). Der Keimriß liegt ventral. Die Oosporen keimen in Kulturen willig zu fast 100 %. Vegetative Vermehrung durch Zoosporen, sie entstehen an Thalli, die submers wachsen, Geschlechtsorgane dagegen bevorzugt an Fäden, die am Gewässerrand auf feuchter Erde leben.

Maße:

(Werte nach kultivierten Populationen von Helgoland (I), Neapel (II), Artern (III) (mitteldeutsches Salzgebiet). Die sich daraus und aus der Literatur ergebenden Grenzwerte finden sich in Spalte IV).

		I	II
Thallusfaden	D.	35,0 – 60,0 – 90,0	39,0 – 58,0 – 99,0 (104,0)
Oogon	D.	–	–
	L.	–	–
Oospore	D.	80,0 – 100,0 – 125,0	83,0 – 117,0 – 153,0
	L.	100,0 – 130,0 – 170,0	93,5 – 130,0 – 169,0
	L/D	1,09 – 1,28 – 1,47 (1,62)	1,00 – 1,17 – 1,38 (1,57)
Androphor	D.	–	–
	L.	–	–
Zoospore	D.	–	–
	L.	–	–

		III	IV
Thallusfaden	D.	40,0 – 57,5 – 85,0	40,0 – 104,0
Oogon	D.	75,0 – 120,0 – 145,0	75,0 – 145,0
	L.	112,0 – 150,0 – 188,0	100,0 – 188,0
Oospore	D.	75,0 – 117,5 – 141,5	75,0 – 153,5
	L.	87,5 – 145,0 – 185,0	87,5 – 185,0
	L/D	1,01 – 1,22 – 1,43	1,00 – 1,47 (1,62)
Androphor	D.		47,0 – 60,0
	L.		(45) 75,0 – 90,0 (175)
Zoospore	D.		80,0 – 100,0
	L.		210,0 – 250,0

Vorkommen: Meist üppige, dichte, sammetartige Rasen von lebhaft bläulichgrüner Farbe, welche in Gräben mit salzhaltigem Wasser oft größere Flächen bedecken. Sowohl in 3,4 %igen als auch in nur 0,34 % salzhaltigen Medien normal gedeihend. Litoralzone und Brackwassergebiete der Meeresküsten, aber auch an Salzstellen des Binnenlandes (Gräben, nasse Salzwiesen).

Verbreitung: Europäische Küsten der Nord- und Ostsee, des Kanals, des Atlantik und des Mittelmeeres, Herzynisches Salzgebiet von Artern, Nordafrika, Nordamerika, Neuseeland(?).

7. Sektion Piloboloideae Walz 1866

Jahrb. wiss. Bot. **5** (1866):144

Antheridium durch einen Leerraum, eine Stütz- oder Begrenzungszelle von seinem Stiel abgesetzt. Mit 1–11 auf kurzen seitlichen kegelförmigen Protuberanzen liegenden Entleerungsporen. Monözische und diözische Arten (Fig. 7: 1–4). Sämtliche Vertreter ± halophil.

Bestimmungsschlüssel der Arten

1a Diözische Arten **2**
1b Monözische Arten **4**
2a Sexualorgane, wenigstens die Oogonien, seitenständig am Tragfaden **12**
2b Sexualorgane entstehen endständig am Tragfaden, der sein Wachstum sympodial fortsetzt **3**
3a Oogonien meist mit Stützzelle, gekrümmt, Chloroplasten mit Pyrenoid (Fig. 8:6) . . . . **29. V. litorea** (S. 119)
3b Oogonien ohne Begrenzungszelle, gerade . . . . *V. longicaulis*
4a Antheridien gesellig zu 3–4 mit ihrer Stützzelle einem zylindrischen Androphor ansitzend . . . . *V. medusa*
4b Antheridien nicht auf einem Androphor **5**
5a Antheridien im fertig entwickelten, bisexuellen Fruchtast zum Teil scheinbar dem Oogon ansitzend **6**
5b Antheridien nicht dem Oogon ansitzend **7**
6a Antheridium mit einer Entleerungspore, Oosporen rotationsoval, Faden D. 8,5–15 (–17) µm (Fig. 8:1) . . . . *V. minuta*
6b Antheridium mit 2–4 Entleerungsporen, Oosporen ± kugelförmig. Faden D. 14–35 µm . . . . **28. V. intermedia** (S. 116)
7a Oogonien direkt dem Tragfaden ansitzend, mit scharf abgebogenem Schnabel . . . . *V. nasuta*
7b Oogonien und Antheridien in bisexuellen Fruchtästen, Oogon nicht mit scharf abgebogenem Schnabel **8**
8a Oogonien apikal mit 3–6 an radspeichenartig angeordneten Röhrchen («krönchenförmiger Schnabel») lokalisierten Befruchtungsöffnungen (Fig. 8: 15) . . . . *V. coronata*
8b Oogonien ohne solche Krönchen, mit einer Befruchtungsöffnung . **9**
9a Oogon mit Stützzelle (Fig. 8:5) . . . . *V. glomerata*
9b Oogon ohne Stützzelle **10**

10a Antheridialast bogenartig zum Oogon hin gekrümmt (Fig. 7: 2) . . . . *V. sphaerospora*
10b Antheridialast gerade **11**
11a Oogon rundkolbenförmig, d.h. der kugelige Apikalteil plötzlich in den zylindrischen Fuß verschmälert, Oospore linsenförmig, ihr größter Durchmesser kleiner als der des Oogons, Oosporen D./Oogon D. = 1 : 1,35 (Fig. 8: 3) . . . . *V. piloboloides*
11b Oogon keulenförmig sich mehr oder minder kontinuierlich in den Fußteil verschmälernd, der Durchmesser der Oospore erreicht etwa die Größe des Oogondurchmessers, Oosporen D./Oogon D. = 1 : 1,08 (Fig. 8: 4) . . . . *V. bermudensis*
12a Oogon enthält neben der Oospore keinen Residualkörper und sitzt nicht auf einer Stützzelle (Fig. 8: 2) . . . . . **30. V. compacta** (S. 121)
12b Im Oogon findet sich unterhalb der Oospore ein brauner Residualkörper, das Oogon durch eine Stützzelle vom Stiel abgesetzt (Fig. 8: 5) . . . . *V. glomerata*[1]

Von den 12 Arten der Sektion sind bisher 8 in Europa gefunden, nämlich:
28. *V. intermedia* Nordstedt 1879
29. *V. litorea* Hofman et Agardh 1822
30. *V. compacta* (Collins) Collins in Taylor 1937
V. coronata Nordstedt 1879, Bot. Notiser (1879): 177–179.
V. sphaerospora Nordstedt 1878, Bot. Notiser (1878): 177–179.
(= *V. subsimplex* Crouan et Crouan 1867) Florule du Finistère, Paris 1867: 133.
V. piloboloides Thuret 1854, Mém. Soc. sci. nat. Cherbourg **2** (1854): 389.
V. medusa Christensen 1952, Bot. Tidskr. **49** (2) (1952): 179–182.
V. minuta Blum et Conover 1953, Biol. Bull. **105** (3) (1953): 399–400.

Im folgenden werden nur die drei erstgenannten Spezies behandelt, die auch an Salzstellen des Binnenlandes vorkommen oder in ausgesüßtes Milieu vordringen.

28. Vaucheria intermedia Nordstedt 1879 (Fig. 49)

Monözisch. Die Sexualorgane finden sich meist in sitzenden oder ± kurzgestielten, bisexuellen, am Tragfaden seitenständigen Fruchtästen. Es kommen jedoch nicht selten auch rein männliche, 2 Antheridien enthaltende Stände, sowie dem Mutterfaden seitlich ansitzende, solitäre Antheridien und solitäre Oogonien vor. Die Antheridien sind langzylindrisch, von einer

[1] Da die Autoren nicht ausdrücklich vermerken, ob die Art monözisch oder diözisch ist, kann sie in dem Schlüssel unter beiden Annahmen erreicht werden.
Bei *V. compacta*, die im Schlüssel als diözisch verzeichnet ist, kommen ausnahmsweise auch monözische Stämme vor.

Fig. 49. *Vaucheria intermedia. a, f, h* Fruchtäste, *b* Fruchtast mit Oogoninitiale, *c* Spermatozoiden, *d* in situ gekeimte Oospore, *e* Formvariante des Oogons, *g* Oogonpapille, *i* Oospore mit Keimriß, im Oogon, *j, k* Keimporusanlage (Original).

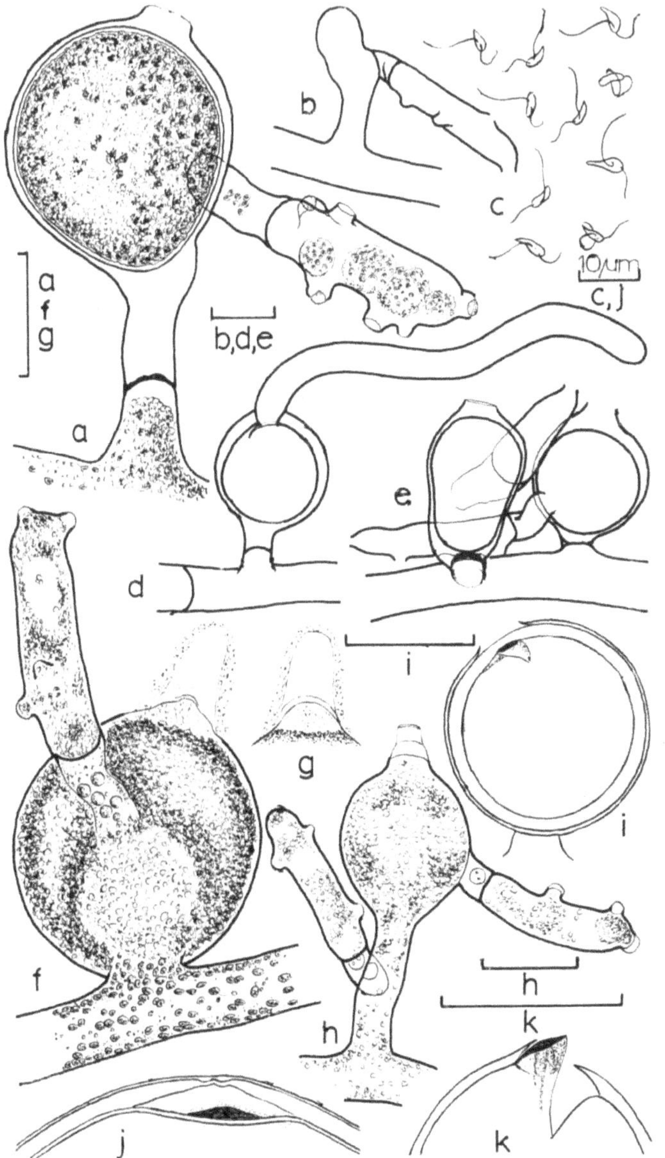
a
b
c
d
e
f
g
h
i
j
k
10 µm
c, j
a
f
g
b,d,e
i
h
k

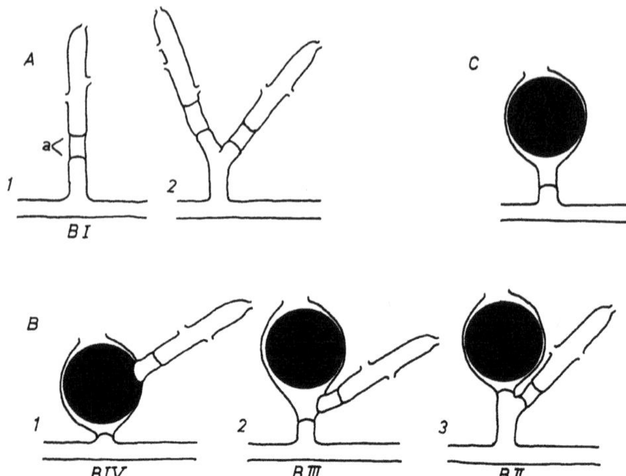

Fig. 50. *Vaucheria intermedia.* Stellungsverhältnisse im Fruchtast (Original).

leeren Stützzelle getragen, mit einer (–2) apikalen und 1–6 seitlichen, von prominenten Papillen entwickelten Entleerungsporen. Rein männliche Äste bestehen aus einem kurz gestielten oder unter Gabelung des Stieles aus zwei Antheridien. Der für die Art typische Sexualorganstand setzt sich jedoch aus einem Oogon und einem (–2) Antheridien zusammen. (Von 165 geprüften Ständen enthielten 160 ein, nur 35 zwei Antheridien). Entwicklungsgeschichtlich wird zuerst das männliche Organ angelegt. An seiner Basis entsteht dann seitlich das Oogon. Seine endgültige Stellung zum Antheridium, bzw. zu den Antheridien hängt nur davon ab, welcher Bereich in die Oogonbildung einbezogen wird (Fig. 50). Im Endzustand entsteht häufig der Eindruck das Antheridium säße dem Oogon seitlich an, der entwicklungsgeschichtliche Ablauf zeigt jedoch klar, daß dieser Anschein trügt, das Oogon geht aus dem Antheridialast unterhalb der Stützzelle hervor. Nicht selten ist dabei die Basalwand der Begrenzungszelle in die Oogonwand einbezogen. Die Oogonien sind gestielt kugel- bis keulenförmig, mit apikaler, etwas papillenartig erhöhter Befruchtungsöffnung. Sie werden von der kugeligen, lose in ihnen liegenden Oospore nicht ganz erfüllt. Die reifen Zygoten finden sich vom Oogon befreit als typische intensiv blaugrün gefärbte Kugeln im Schlamm oder am Boden der Kulturschalen. Ihre Wand ist dünn, der an der inneren Schicht vorgebildete Keimporus liegt apikal (Fig. 49: d, i–k) der Befruchtungsöffnung des Oogons zugewandt.

Die Oogonien der Art werden häufig von *Phlyctochytrium vaucheriae* Rieth parasitiert.

Maße:

(Es werden gegeben die Werte nach einer kultivierten Population aus Artern (herzynisches Salzgebiet) (I), sowie die sich aus diesen und den Angaben in der Literatur ergebende Variationsspanne (II).

		I	II
Thallusfaden	D.	17,5 – 31,0 – 47,5	14,0 – 65,0
Antheridium	L.[2]	50,0 – 105,0 – 150,0	50,0 – 150,0
	D.	20,5 – 25,5	12,0 – 35,0
Oogon	D.	62,5 – 91,0 – 117,5	50,0 – 130,0
	L.	72,5 – 105,5 – 137,5	70,0 – 137,5
Oosporen	D.	50,0 – 87,0 – 120,0	50,0 – 125,0
		83,0 – 140,5[1]	– 140,5

Vorkommen: An Salzstellen des Binnenlandes auf Salzwiesen, oft zusammen mit *V. synandra*, im Marschengebiet der Meeresküsten.

Verbreitung: Nord-, Mittel-, Westeuropa, Nordamerika.

29. Vaucheria litorea Hofman et Agardh in C. A. Agardh 1820, em. Nordstedt 1879 (Fig. 51)

(*V. clavata* Lyngbye 1819) Ten. Hydrophyt. Danicae 1819: 78, Taf. 21, Fig. D stellt zweifellos weibliche Thalli von *V. litorea* dar.

Diözisch. Die Thalli beider Geschlechter bei der Sexualreife sich sympodial verzweigend, d.h. die Sexualorgane entstehen stets apikal an den Fäden und diese setzen ihr Wachstum durch unterhalb der Begrenzungszellen austreibende, übergipfelnde Seitenäste fort (Fig. 11: 8a; Fig. 52). Antheridien gerade, langgestreckt röhrenförmig, terminal in eine Entleerungspore verschmälert, zu der noch etwa 1–6 seitliche auf Papillen liegende Poren kommen. Die aus dem eigentlichen Oogon, dem Leerraum und einem meist nur angedeuteten Stiel bestehenden, keulenförmigen Oogonialäste sind charakteristisch so gebogen, daß das Oogon nickt. Als Besonderheit der Art, die sie nur mit *V. glomerata* und *V. patagonica* teilt, findet sich im Oogon unterhalb der Oospore ein bräunlicher, von einer dünnen Wand umhüllter Residualkörper, der von dem sich bildenden Ei ausgestoßen wird. Über seine Bedeutung ist nichts näheres bekannt. Terminal am Oogon entsteht auf sehr flacher Papille die relativ weite Befruchtungspore. Die bei der Reife zart hellbraun bis farblose, mit einigen schwarzbraunen Pigmentflecken versehene, vorwiegend birnförmige Oospore erfüllt den apikalen Teil des Oogons, läßt jedoch basal, zur Begrenzungszelle zu, einen Raum frei. Ihre Wand ist derb, dreischichtig, die vorgebildete Keimstelle liegt terminal, der Befruchtungsöffnung zugekehrt (Fig. 51: i–k). Die Thallusfäden zeigen einen gewissen Sexualdimorphismus, die ♂ Fäden sind etwas dünner als die ♀. Beide enthalten pyrenoidführende Chloroplasten.

Maße:

(Werte einer kultivierten Population aus Artern (Herzynisches Salzgebiet) (I) und die Kombination mit Grenzwerten aus der Literatur (II)).

		I	II
Thallusfaden	D.	♂ 30,0 – 62,0 – 103,0	–
		–	♂ + ♀ 30,0 – 134,0

[1] Nach einer Population von Hiddensee (Ostseeküste).

[2] Mit Stützzelle L. 82,5 – 135,0 – 190,0

	♀	55,0 – 70,0 – 90,0	–
Antheridium	D.	(52,5) 57,5 – 90,0 (105,0)	52,5 – 125,0
	L.	420,0 – 584,0 – 823,0	400,0 – 1521,0
Begrenzungs-zelle	L.	10,0 – 50,0 – 98,0 (127,5)	–
Oogon	D.	–	126,0 – 220,0
	L.	–	196,0 – 450,0
Begrenzungs-zelle	D.	65,0 – 77,5 – 102,5	–
	L.	90,0 – 135,0 – 180,0 (210,0)	52,0 – 210,0
Oospore	D.	120,0 – 175,0 – 230,0	110,0 – 320,0
	L.	150,0 – 210,0 – 265,0	110,0 – 380,0

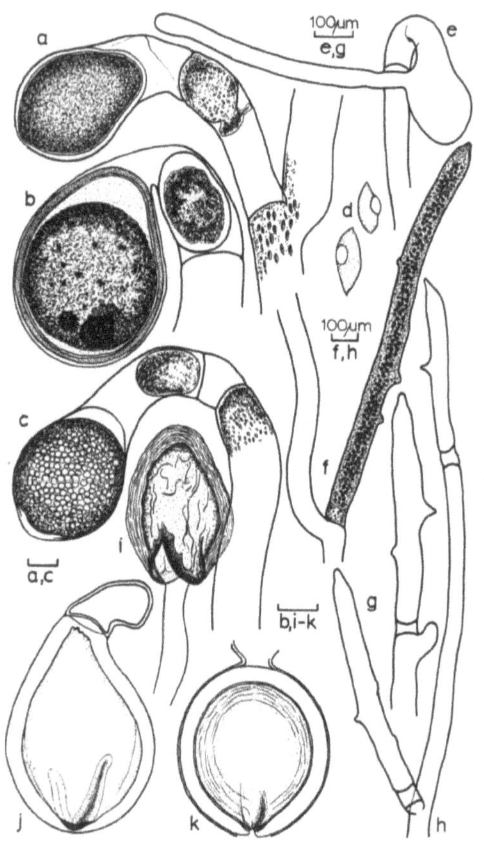

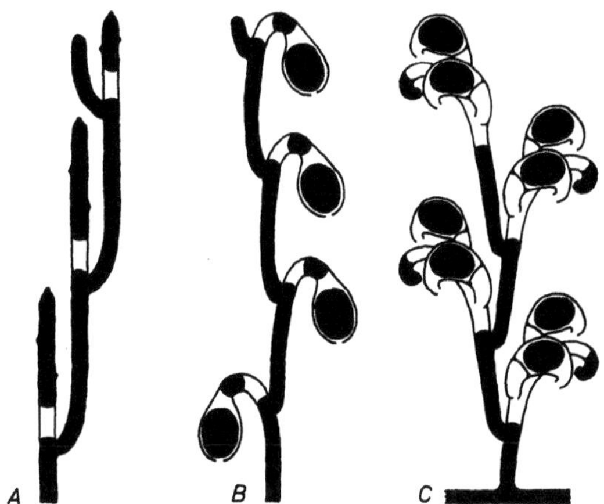

Fig. 52. *Vaucheria litorea (A, B), Vaucheria lii (C)*, Verzweigung im Sexualorganbereich. *A* Sympodial verzweigter ♂ Thallusast, *B* sympodial aufgebauter ♀ Ast, *C* sympodiale Verzweigung im zwitterigen Fruchtast von *V. lii* (Original).

Vorkommen: Im Litoral des Meeres, im Brackwassergebiet, an Salzstellen des Binnenlandes, sowohl an der Wasseroberfläche als auch bis 4 m tief unter Wasser, auf feuchter Erde. Oft mit ihren derben Fäden dichte Watten bildend, von denen zottenartig Fadenbüschel in den Luftraum ragen. Augenscheinlich eine große Variation des Salzgehaltes ertragend und selbst in stark ausgesüßtem Milieu noch existierend. Im Frühjahr mit Sexualorganen.

Verbreitung: Europa, Nordamerika

30. Vaucheria compacta (Collins) Collins in Taylor 1937 (Fig. 53)

Diözisch, es scheinen aber wie bei *V. dichotoma* monözische Stämme vorzukommen. Antheridien lang rotationslanzettlich bis angeschwollen lanzettlich, mit einer endständigen und 0–5 seitlichen, auf recht prominent kegelförmigen, im Extremfalle dem Antheridium ein morgensternartiges Aussehen gebenden Papillen liegenden Poren. Durch einen Leerraum vom Stiel getrennt, entweder solitär oder bis zu 8 büschelartig in sympodial aufgebauten Kurztrieben seitlich am Tragfaden. Oogonien gestreckt keulenförmig mit gerader, im wesentlichen zum Mutterthallus senkrechter Längsachse. Apikal mit halbkugeliger Kalotte endend und langem, zum Stiel zu kontinuierlich verschmälertem Halsteil. Ohne Leerraum, nur durch eine einzige

---

Fig. 51. *Vaucheria litorea. a–c* Oogonialäste mit Begrenzungszelle und Oogon mit Oospore und Restkörper, *e* vegetativ ausgewachsenes Oogon, *f, g* Antheridialäste, *d* Chloroplasten mit Pyrenoid, *i* Keimende Oospore, *j, k* Oogon mit Oospore, Keimrißlage (Original).

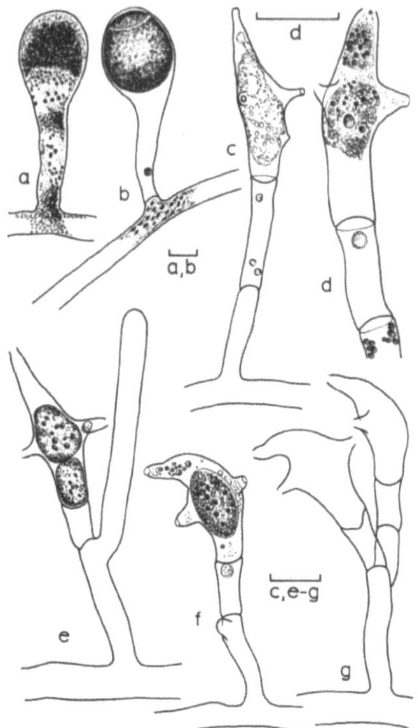

Fig. 53. *Vaucheria compacta. a* junges Oogon, *b* Oogon mit Oospore, *d–g* Antheridialäste (Original).

Wand vom Stiel getrennt. Oospore überwiegend kugelförmig, den Apikalteil des Oogons erfüllend, dessen langen Hals aber freilassend. Bei der Reife grün bleibend, Wand dünn. Die vorgebildete Keimschlauchaustrittsstelle findet sich basal. Die Thallusfäden weisen einen geringen Sexualdimorphismus auf, die ♂ sind geringfügig dünner als die ♀ Fäden. Vegetative Vermehrung durch Aplanosporen, die an Fadenenden sukzessive abgegliedert werden, was zu ineinandergeschachtelten Sporangienhüllen führt.

Vorkommen: Im Gebiet der Meeresküsten, an den Gezeiten beeinflußten großen Strömen weit landeinwärts gehend und Verschmutzung ertragend.

Infraspezifische Gliederung

Bestimmungsschlüssel der infraspezifischen Taxa

1a Antheridien tragen außer der apikalen Pore noch 2–5 seitliche Öffnungen. Sie stehen solitär oder in wenig (–3)gliederigen lateralen Kurztrieben, nur endständig büschelig in sympodial verzweigten Ästen. Im Süßwassergebiet der Meeresküsten und an den großen Flüssen ins Binnenland vordringend . . . . var. **dulcis**

1b Antheridien tragen außer der apikalen Pore 0–1 laterale Öffnung, büschelig in bis zu 8gliederigen seitlichen sympodial aufgebauten Kurztrieben. Im Salz- und Brackwassergebiet der Meeresküsten . . . . var. **compacta**

Vaucheria compacta (Collins) Collins in Taylor var. **compacta** (Fig. 54)

Fig. 54. *Vaucheria compacta* var. *compacta. a* monözischer Thallusfaden, *b–e* ♂ Äste, *f, g* ♀ Äste (n. Simons 1974).

Maße:

(Werte nach einer kultivierten Population aus Hiddensee, Ostseeküste (I) und Extremwerte in Kombination mit Angaben in der Literatur (II)).

		I[1]	II
Thallusfaden	D.		
	♀	23,5 – 33,0 – 44,0	18,0 – 76,0
	♂	18,0 – 31,0 – 39,0	
Antheridium	D	–	28,0 – 48,0
	L.	88,0 – 195,0	72,0 – 228,0
Leerraum	L.	23,0 – 78,0 (130,0)	23,0 – 130,0
Stiel bis zum Leerraum	L.	13,0 – 377,0	–
Oogon größter	D.	119,0 – 128,0	95,0 – 168,0
	L.	234,0 – 320,0	140,0 – 357,0
Oospore	D.	117,0 – 125,0	89,0 – 164,0
	L.	124,0 – 164,0	
Antheridium Porenanzahl		(2) 3 (4)	2 – 6

Vorkommen: Im marinen oder brackigen Litoralgebiet, von etwa 1 m unter bis 30 cm über der mittleren Hochwasserlinie, oft ausgedehnte Matten auf schlammigem Sand bildend. Optimum der Sexualorganbildung Sept.–Okt.

Verbreitung: Atlantikküste West- und Nordeuropas und Nordamerikas, Ostseeküste.

Vaucheria compacta (Collins) Collins in Taylor var. **dulcis** Simons 1974 (Fig. 55)

Vorkommen: Bevorzugt Süßwasser in Gezeiten beeinflußten und nicht beeinflußten Gebieten, entlang der großen Ströme weit landeinwärts gehend (Seine bei Paris!).

Verbreitung: Bisher nur in Westeuropa festgestellt.

Aus Europa bisher nicht bekannt sind folgende Arten der Sektion Piloboloideae:

V. glomerata Blum et Womersly 1955, Am. J. of Bot. **42** (8) (1955): 713–715. (Süd-Australien).

V. nasuta Taylor et Bernatowicz 1952, Bull. Mar. Sci. Gulf and Carribean **2** (2) (1952): 408–412. (Bermuda Inseln, Nordamerika).

V. longicaulis Hoppaugh 1930, Am. J. of Bot. **XVII** (5) (1930): 332–334. (Nord- und Südamerika, Asien (Indien)).

V. bermudensis Taylor et Bernatowicz 1952, Papers Michigan Acad. Sci. Arts and letters **XXXVII** (1951) (1952): 83–84. (St. Georges I. Bermuda).

---

[1] Nach der Oogonlänge gehörte diese Population zur var. *koksoakensis* Blum et Wilce 1958, Rhodora **60** (1958): 286. Da sich diese Varietät aber nur durch etwas längere Oogonien auszeichnen soll, wobei die angegebenen Werte 240,0 – 357,0 μm sich mit denen der Stammart überlappen, halte ich die Abtrennung der Varietät nicht für erforderlich.

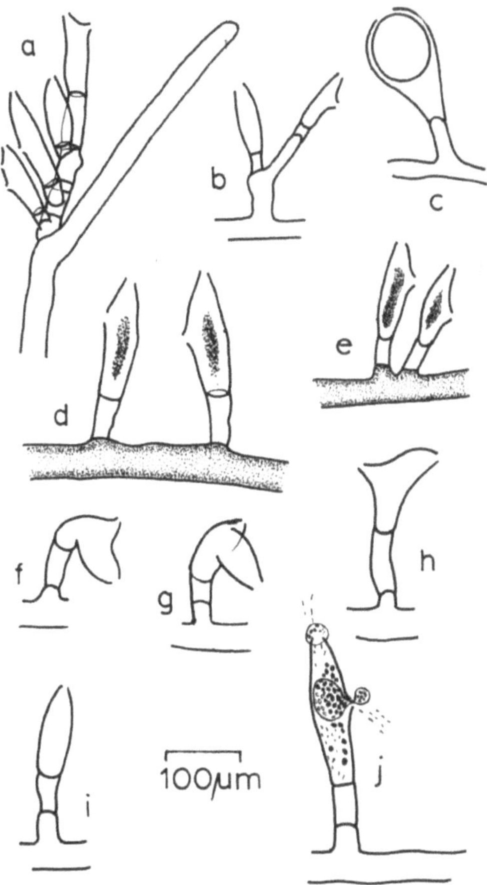

Fig. 55. *Vaucheria compacta* var. *dulcis*. *a, b, d–j* männliche Äste, *c* ♀ Ast (n. Simons 1974).

8. **Sektion Acrandrae** Ott et Hommersand 1974[1]

J. Phycol. **10** (1974): 373.

Antheridien gestielt, gesellig an einem durch eine Begrenzungszelle vom Thallus getrennten, jedoch nicht über die normale Thallusfadenbreite angeschwollenen, endständigen, gelegentlich aber auch interkalarem Androphor (Fig. 7: 9). Oogonien seitenständig am Tragfaden, ohne gesetzmäßige Lagebeziehung zum Androphor.

Halophile Arten, bisher nur aus Nordamerika bekannt.

Bestimmungsschlüssel der Arten

1a Oogonien mit breiter Basis dem Tragfaden ansitzend, Oospore dunkel gelblichbraun . . . . V. **acrandra**
1b Oogonien mit schmaler Basis auf einem zuweilen sehr kurzen Stiel dem Tragfaden ansitzend. Oospore bleichbraun mit rötlich-braunem Pigmentfleck . . . . V. **adela**

V. acrandra Ott et Hommersand 1974, J. Phycol. **10** (1974): 373–374.
V. adela Ott et Hommersand 1974, J. Phycol. **10** (1974): 374–376.

9. **Sektion Pseudoanomalae** Jao et Ley 1947

Bot. Bull. Acad. Sinica **1** (1947): 106

Antheridien zylindrisch oder fast so, in sich gerade bis leicht gebogen mit weiter, endständiger Entleerungspore, zuweilen auf den Tragfaden zu zurückzeigend, einzeln terminal am Thallusfaden oder einem Seitenast entstehend, der sein Wachstum sympodial fortsetzen kann. Oogonien unterhalb des Antheridiums seitenständig, un- oder kurzgestielt am Tragfaden oder Fruchtast sitzend (Fig. 7: 16,17).

Bestimmungsschlüssel der Arten.

1a Sexualorgane direkt an Langtrieben entstehend, Antheridien bis 18 µm Durchmesser, Oogonien vogelkopfartig, schiefoval . . . . . . *V. jaoi*
1b Sexualorgane in bisexuellen, seitenständigen Fruchtästen. Antheridiendurchmesser im Mittel über 18 µm **2**
2a Oosporen eiförmig bis rotationsoval, das Oogon erfüllend, Antheridiendurchmesser unter 25 µm . . . . *V. arechavaletae*
2b Oosporen kugelförmig oder fast so, Antheridien über 25 µm Durchmesser **3**

[1] Ich bezweifle etwas die Notwendigkeit dieser Sektion. Ihre zwei Arten könnten m. E. unter geringfügiger Erweiterung der Sektionsdiagnose zur Sekt. Androphorae gezogen werden (Vergl. Fig. 7: 8 und 7: 9!).

3a Antheridien zylindrisch-röhrenförmig mit weiter Entleerungspore, Durchmesser unter 38 µm, mittlere Länge über 100 µm, Oospore das Oogon erfüllend . . . . *V. subarechavaletae*
3b Antheridien gegen die apikale Entleerungspore zu verschmälert, Durchmesser über 37 µm, mittlere Länge unter 100 µm, Oospore das Oogon nicht erfüllend, halophil . . . . *V. vipera*

Aus Europa bisher nur eine, halophile, Art bekannt:
V. vipera Blum 1960, Trans. Am. Micr. Soc. **LXXIX** (3) (1960): 298–301. Marschengelände Westeuropas, Nordamerika, Japan.

Aus Europa noch nicht bekannt sind:
V. jaoi Ley 1944, Sinensia **15** (1–6) (1944): 92–93. (Asien (China), Neuseeland), Süßwasser. Die Art hat große Ähnlichkeit mit *V. prolifera* Dangeard!
V. arechavaletae Magnus et Wille 1884, Bih. till K. Svenska Vet.-Akad. Handl. **8** (18) (1884): 39. (Nord- und Südamerika), Süßwasser.
V. subarechavaletae Borge 1901, Bih. till K. Svenska Vet.-Akad. Handl. **27** Afd. III (10) (1901): 12. (Südpatagonien), Süßwasser.

10. **Sektion Contortae** Dangeard 1939

Le Botaniste **XXIX** (1939): 216.

Monözisch. Sexualorgane kurz, nach den Abbildungen bei Ott und Hommersand 1974 aber auch länger gestielt an Langtrieben sitzend. Antheridium röhrenförmig, in seiner Längsachse schraubig gewunden mit terminaler Entleerungspore (Fig. 7: 10).
Eine halophile Art:
Vaucheria arcassonensis Dangeard 1939, Le Botaniste **XXIX** (1939): 216–220. (Westeuropa, Nordamerika).

11. **Sektion Heeringia** Blum 1971

Bull. Torr. Bot. Club **98** (4) (1971): 193.

Sexualorgane in bisexuellen seitenständigen Kurztrieben mit terminalem Antheridium. Dieses kurz zylindrisch bis – unentleert – leicht angeschwollen mit abgerundetem Apikalende, nach Entlassung der Spermatozoiden sehr vergänglich. Oogon kugelförmig oder fast so, ohne Schnabel oder Papille. Oospore das Oogon erfüllend, bei der Reife tiefgrün bleibend.
Eine Art:

31. Vaucheria arrhyncha Heidinger 1908 (Fig. 56)

(= *V. uncinata* Kütz. 1856, nicht V. uncinata sensu Götz 1897 und Heering 1907. = *Vaucheriopsis arrhyncha* (Heidinger) Heering 1921).

Monözisch. Sexualorgane in bisexuellen seitenständigen Kurztrieben mit terminalem, hornartig eingekrümmtem Antheridialast und einem (seltener 2) stark abwärts gebogenen Oogonialast. Fäden meist wenig verzweigt, basal mit Faserrhizoiden im Substrat verankert. Sexualorganstände am Tragfaden in Reihe, basalwärts an Alter zunehmend in einer subapikalen Region zu finden. Antheridien kurz, vor der Reife etwas angeschwollen mit gerundetem Ende. Nach der Entleerung bleibt ein zylindrischer Stutzen (Fig. 56: c, j), der sich aber auch bald zersetzt. Symmetrieebenen der Oogonialäste und der des Antheridialastes einen Winkel von etwa 90° bildend. Das hängende Oogon ist kugelig, oft in der Längsrichtung etwas zusammengedrückt, so daß der Querdurchmesser etwas größer ist als die «Länge». Irgendeine prominente Befruchtungsöffnung auf Papille oder Schnabel fehlt, die Befruchtung erfolgt durch einen unauffälligen seitlichen Spalt. Oospore das Oogon locker erfüllend und bei der Reife herausfallend, von einer dünnen, zweischichtigen Wand umgeben, intensiv dunkelblaugrün gefärbt bleibend. Vollreif meist mit dunklem ± zentralem Pigmentfleck. Der Keimriß entsteht in der nach abwärts gerichteten (morphologisch apikalen) Hemisphäre (Fig. 56: k).

Proliferationen im Fruchtastbereich nicht selten, vom Scheitel des Antheridialastes ausgehend (Fig. 56: a) – im Prinzip also eine sympodiale Verzweigung. Auch nur Antheridien ausbildende, reich proliferierte Fruchtäste wurden beobachtet (Fig. 56: h).

Maße:

(Werte nach einer kultivierten Population aus dem Harz (I) und Kombination mit den aus der Literatur entnommenen Grenzwerten (II)).

		I	II
Thallusfaden	D.		
in Kultur		39,0 – 54,5 – 70,0	
Freiland		44,0 – 67,5 – 99,0	39,0 – 153,0
Antheridium	D.	23,0 – 30,0 – 36,5	23,0 – 53,0
	L.	–	54,0 – 64,0
Oogon[1]	D.	101,5 – 130,0 – 164,0	101,5 – 198,0
	L.	93,5 – 117,0 – 140,5 (156,0)	93,5 – 156,0
	L/D	0,84 – 0,95 – 1,00 (1,15)	–
Fruchtaststiel	L.	195,0 – 416,0	140,0 – 500,0

Vorkommen: Am Rande temporärer, schattig gelegener Waldwegpfützen, an quelligen Waldwiesenhängen des Mittelgebirges, aber auch in eutrophen Bächen der Ebene 0,05–0,40 m unter Wasser lichte, flächige Bestände bildend, in Gräben und auf Reisfeldern gefunden.

Verbreitung: Europa, Asien (China, Japan), Nordamerika.

[1] = Oospore

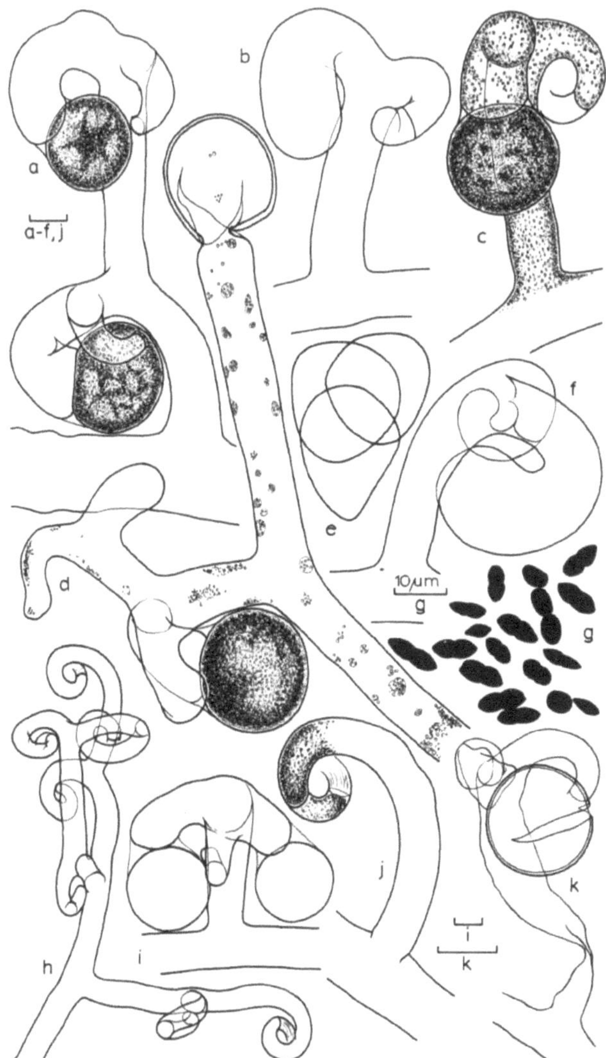

Fig. 56. *Vaucheria arrhyncha. b, f* junge Fruchtäste, *c, i* ausgewachsene Sexualorganstände, *a, d* Proliferationen im Fruchtastbereich, in *d* ist (oben) die Zygote zu erkennen, aus der der Thallus hervorging, *h* nur männliche Äste liefernde Proliferation, *j* solitäres Antheridium, *k* Oospore mit Keimriß, *e* Oosporenformen, *g* Chloroplasten (Original).

12. **Sektion Hercynianae** Rieth 1980

Antheridien und Oogonien sukzessive terminal übergipfelnd an jeweils sympodial das Wachstum fortsetzenden Haupt- und Seitenästen gebildet. In voll entwickeltem Stadium scheinbar seitenständig direkt ungestielt am Tragfaden sitzend. Antheridien blasen- oder beutelförmig, durch Vergallertung der Wand, ohne Ausbildung einer besonderen Öffnungspore die Spermatozoiden freisetzend. Oogonien ebenfalls ephemer, ohne definierte Befruchtungsöffnung, Zutritt der Spermatozoiden nach Auflösung der Wand. Nur eine Art.

23. **Vaucheria hercyniana** Rieth 1974 (Fig. 57, 58)

Monözisch, Sexualorgane paarweise auftretend. Antheridium blasen- oder beutelförmig, stets terminal an einem Thallusfaden entstehend, sehr vergänglich und in seiner Form daher nur in jungem Zustand, kurz vor Entleerung der Spermatozoiden, die durch Auflösung der Wand ermöglicht wird, klar zu erkennen (Fig. 57: a, e). Oogon ebenfalls terminal aus dem nach Bildung des Antheridiums, unterhalb desselben, sympodial sein Wachstum fortsetzenden Faden hervorgehend, das Antheridium übergipfelnd und in scheinbare Seitenstellung drängend. Oogon kurz keulenförmig bis sphärisch ohne klar umschriebene Befruchtungsöffnung, sondern evaneszent das Ei freisetzend, das dann durch Gallerte noch angeheftet den Spermatozoiden zugänglich ist. Der Faden wächst nach der Oogonbildung häufig sympodial weiter, so daß schließlich das Sexualorganpaar seitenständig direkt an dem dort eine kleine Welle aufweisenden (Fig. 57: d) Tragfaden entstanden zu sein scheint (Fig. 58). Die reife Oospore ist kugelförmig mit dreischichtiger Wand, farblos bis auf einen grünlich gerandeten, dunkelbraunen zentralen Pigmentfleck. Am Grunde der Pfütze, bzw. am Boden der Kulturschalen nach kurzer Ruhezeit an vorgebildeter Stelle keimend (Fig. 57: i, j). Vegetative Vermehrung durch Aplanosporen, die in terminal am Faden entstehenden Sporangien gebildet werden. Durch Proliferation oft mehrere Sporangien ineinander geschachtelt, die sukzessive mehrere Sporen lieferten (Fig. 57: g, h, k).

Maße:

(Werte nach kultivierten Pflanzen vom Originalstandort).

Thallusfaden	D.	
Im vegetativen Bereich		10,5 – 26,0 – 39,0
Im generativen Bereich		23,5 – 35,0 – 47,0
Antheridium	D.	31,0 – 39,0 – 49,5
	L.	44,0 – 57,0 – 73,0
Oospore	D.	44,0 – 50,0 – 57,0
(= Oogon)	L.	44,0 – 53,0 – 62,5
	L/D	1,00 (–1,17)
Aplanospore	D.	28,5 – 60,0 – 91,0
	L.	44,0 – 82,0 – 135,0

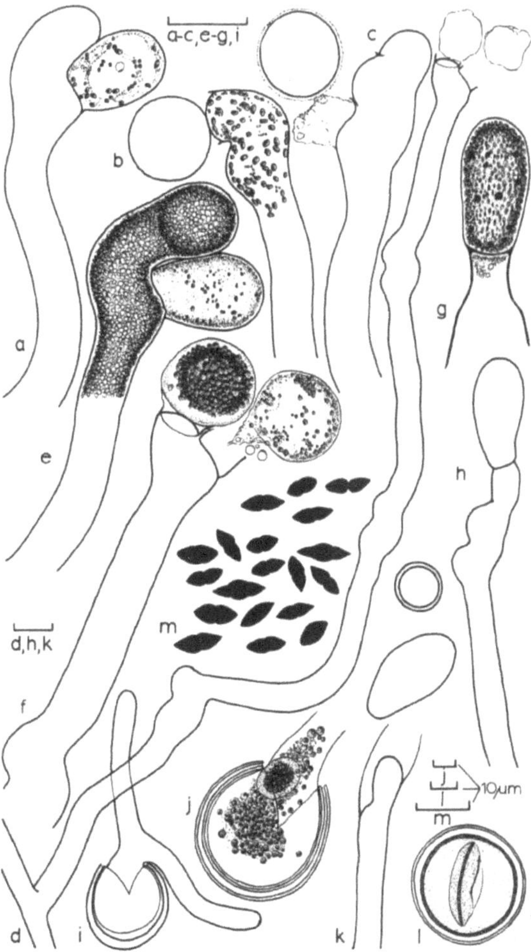

Fig. 57. *Vaucheria hercyniana. a* junges ♂ mit Oogoninitiale, *b, c* Antheridium entleert und weitgehend verschwunden, freigesetztes Ei, *d* Thallusfaden, an dem lediglich Höcker noch die Stellen anzeigen, an denen Sexualorgane saßen, *e* reifes Antheridium mit jungem Oogon, *f* freigesetztes Ei und frei gewordener Antheridieninhalt, *g, h, k* Aplanosporangien, Aplanosporen. In *h* ist nach einem Sexualorganpaar, von dem nur noch die zwei Höcker am Faden zeugen, terminal ein Aplanosporangium entstanden, in *k* wächst der Faden nach Entlassung der Aplanospore in das Sporangium durch, *i, j* keimende Zygoten, *l* Oospore mit Keimrißanlage (Original).

Vorkommen: Am Rande beschatteter, temporärer, Regenwasser gespeister Waldwegpfützen und am schattigen Ufer eines Gebirgsbaches auf feuchter Erde. Frühjahr und Herbst.

Verbreitung: Bisher nur von zwei Standorten im Harzgebirge bekannt.

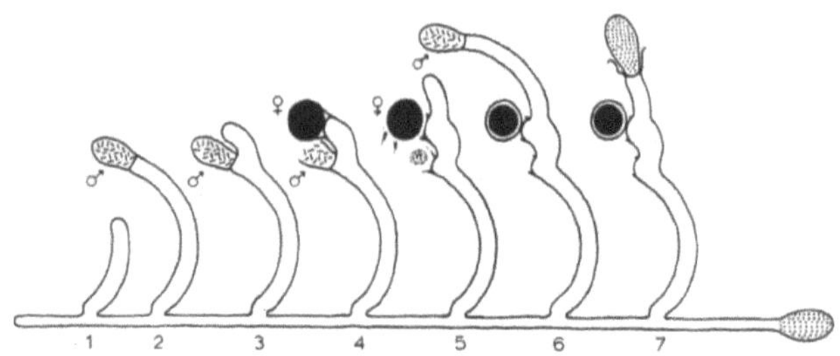

Fig. 58. *Vaucheria hercyniana* Wuchsschema (n. Rieth 1974).

B. Asterosiphon Dangeard 1940

Compt. rend. Acad. Sci. Paris **210** (1940): 719–721.

Der einzige bisher bekannte Vertreter der Gattung bildet auf feuchter Schwemmerde Rosetten, die aus ziemlich regelmäßig dichotom verzweigten, *Vaucheria*-ähnlichen, unseptierten Schläuchen bestehen und mit einem unterirdisch gabelig verästelten Zentralrhizoid *Botrydium*-ähnlich im Boden verankert sind. Der Thallus enthält viele kleine Zellkerne und im oberirdischen Teil zahlreiche elliptische bis scheibenförmige, pyrenoidfreie Chloroplasten. Stärke findet sich nicht, sondern Fetttropfen. Die Alge enthält Chlorophyll *a*, nicht aber *b* (Rieth u. Sagromsky 1962). Auf *c* wurde nicht untersucht, auch über Karotine und Xanthophylle liegen Angaben nicht vor. Die Wände enthalten Zellulose.

Bisher ist nur vegetative Vermehrung recht vielgestaltiger Art, jedoch ohne geißelbewegliche Stadien beobachtet. Beim Einsetzen ungünstiger Bedingungen (Trockenheit), aber auch spontan, ohne erkennbare äußere auslösende Ursache (Dangeard 1942), kammern sich die Thallusäste, an der Spitze beginnend durch Querwände in Reihen relativ dickwandiger Zellen, meist als Akineten bezeichnet (Fig. 60). Die Pflanze geht ins «Gongrosirastadium» über. Die weitere Entwicklung dieser «Akineten»[1] führt auf verschiedenen Wegen stets wieder zu *Asterosiphon*-Pflänzchen. Dies zu betonen ist wichtig, da lange Zeit das Gongrosirastadium in den Entwicklungszyklus von *Vaucheria* gestellt wurde (z.B. Kützing 1841, Stahl 1879, Puymaly 1922, 1924).

Die Weiterentwicklung der «Akineten» kann in folgender Weise verlaufen (Fig. 59):

1. Die Zelle verhält sich als Akinete, die in situ keimt (Fig. 59, Möglichkeit A).
2. Die Zelle verhält sich als Aplanosporangium. Der Inhalt wird als etwa birnförmige, derbwandige, oft mit einem gelbroten Pigmentfleck versehene Aplanospore entlassen, die mit einem Faden auskeimt (Fig. 59, Möglichkeit B).
3. Die Zelle wird zum Sporangium, in dem sich zahlreiche (etwa 15–20) kleine, kugelige Autosporen entwickeln, die durch einen Riß in der Wand freigesetzt werden und keimen (Fig. 59, Weg C).
4. Der Inhalt der Mutterzelle teilt sich ebenfalls in kleine, kugelige oder auch amöboide Sporen, die jedoch in einer Blase eingeschlossen durch ein rundes Loch in der Zellwand (Fig. 61, D) austreten (Fig. 59, Weg D). Sie werden dann frei und keimen direkt (Fig. 59, Weg D'), oder aber sie umgeben sich mit einer derben Hülle, werden zur Sporozyste, zur Dauerspore, können so ungünstige Bedingungen überstehen, um dann unter Aufklappen der Schale in zwei Hälften zu keimen (Fig. 59, Weg D").

Bemerkenswert ist, daß diese verschiedenen Entwicklungswege mehr

[1] Es ist nicht ganz korrekt, die verschiedene Funktionen übernehmenden Zellen hier generell «Akineten» zu nennen.

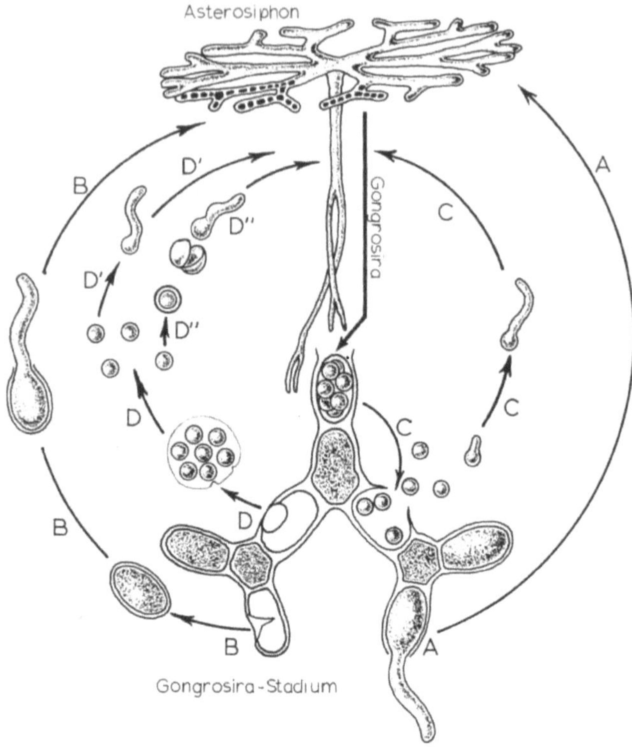

Fig. 59. *Asterosiphon*. Entwicklungszyklus (verändert n. Rieth 1962).

oder minder gleichzeitig nebeneinander zu beobachten sind, ohne daß selektiv die eine oder andere Möglichkeit begünstigende Umstände zu erkennen wären.

Einzige Art:
Asterosiphon dichotomus (Kützing, Dangeard) Rieth 1962b (Fig. 59–61)
Asterosiphon terrestre Dangeard 1942
Protonema dichotomum Kützing 1841
Gongrosira dichotoma Kützing 1843

Mit den Merkmalen der Gattung

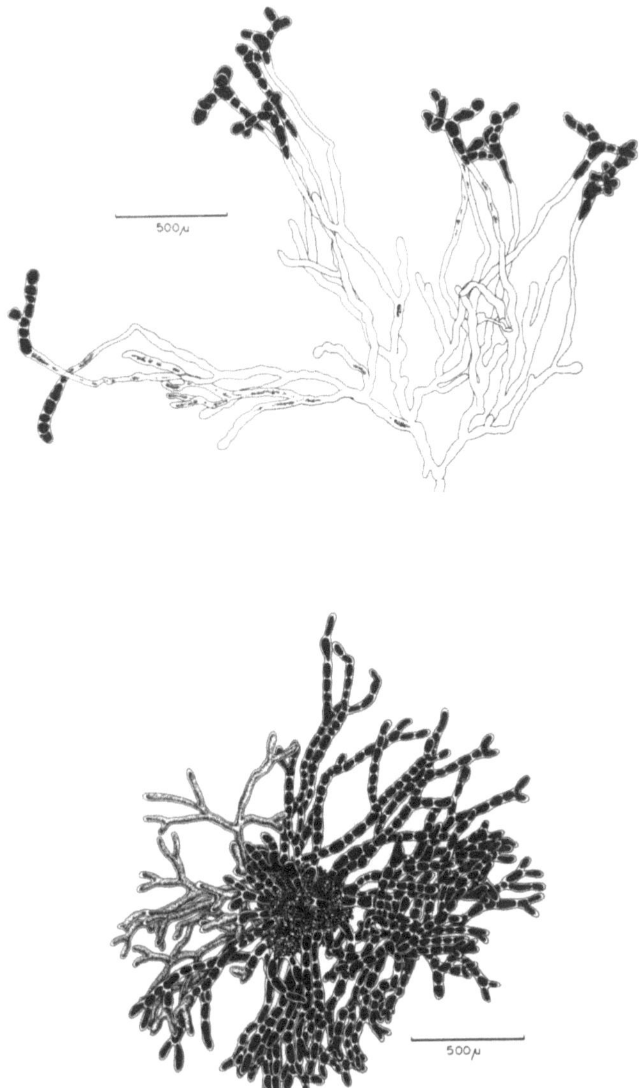

Fig. 60. *Asterosiphon dichotomus.* Habitus beim Übergang in das Gongrosirastadium (n. Rieth 1962).

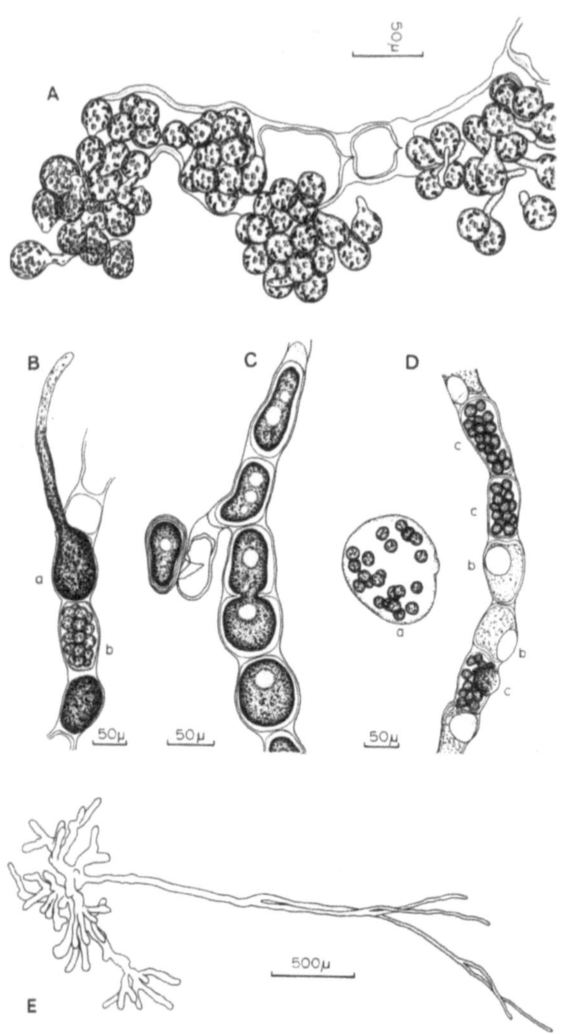

Fig. 61. *Asterosiphon dichotomus. A* Sporenbildung, *B* auskeimende Akinete, *C* Aplanospore neben leerem Sporangium, *D* Sporangien mit Sporen, leere Sporangien, geschlüpfte, Sporen enthaltende Blase, *E* ganze Pflanze (liegend gezeichnet) (n. Rieth 1962).

Maße:

Thallusfaden	D.	40,0 – 50,0
Gesamtpflanze		
Rhizoid	L.	2500,0 – 3000,0
Oberirdische		
Rosette	D.	1350,0 – 2000,0 (–10 000)
Aplanospore	D.	40,0 – 50,0
	L.	75,0 – 100,0
Sporangium mit		
Autosporen	D.	50,0 – 60,0
	L.	65,0 – 90,0
Autospore	D.	5,0 – 22,0
Sporen enthaltende		
Blase	D.	140,0 – 160,0

Vorkommen: Auf feuchter, nackter Erde, Schwemmerde austrocknender Wegepfützen von Herbst bis Frühjahr, mit *Botrydium*, *V. walzi*, *V. sessilis*, *V. debaryana* und Moosprotonemen oder auch mit *V. hamata*, *V. pseudogeminata* und *V. terrestris* (Dangeard 1942).

Verbreitung: Mittel- und Westeuropa, Nordafrika.

Die Art ist sicherlich meist übersehen und daher häufiger als die wenigen bisher bekanntgewordenen Fundstellen (in Mitteleuropa nur aus dem Harzvorland!) vermuten lassen.

Literaturverzeichnis

Agardh, C.A.: Dispositio Algarum Sueciae. Lundae 1812.

– Synopsis Algarum Scandinaviae. Lundae 1817.

– Species Algarum rite cognitae, cum synonymis, differentiis specificis et descriptionibus succinctis. Lundae 1822.

– Systema algarum. Lundae 1824.

Anonym: Rezension über Vaucher, J.P.: Histoire des Conferves d'eau douce. Allg. Lit. Zeitung Nr. 9, Halle 10. Jan. 1805: 73–76; 81–86.

Blum, J.L.: The racemose Vaucheriae with inclined or pendent oogonia. Bull. Torrey Bot. Club **80** (6) (1953): 478–497.

– Notes on American Vaucheriae. Bull. Torrey Bot. Club **98** (4) (1971): 189–194.

– Vaucheriaceae in: North American Flora, Ser. II, Part 8. 64 S. New York 1972.

Blumenbach: Über eine ungemein einfache Fortpflanzungsart. Göttingisches Magazin der Wiss. und Litt. Göttingen **2** (1) (1781): 80–89.

Borge, O.: Beiträge zur Algenflora von Schweden. 4. Die Algenflora am Grövelsee. Arkiv Bot. **23A** (2) (1930): 1–64. S. 23.

Børgesen, F.: Nogle Ferskvandsalger fra Island. Bot. Tidsskr. **22** (2) (1899): 131–138.

Bourrelly, P.: Les Algues d'eau douce. Tome II. 226–237, Paris 1968.

Brown, H.: The Algal Family Vaucheriaceae. Trans. Amer. Microsc. Soc. **48** (1929): 86–117.

– A new species of *Vaucheria* from Northern Michigan. Trans. Amer. Microsc. Soc. **56** (1937): 283–284.

Christensen, T.: Studies on the genus *Vaucheria* I. Bot. Tidsskr. **49** (1952): 171–188.

– Studies on the genus *Vaucheria* III. Bot. Notiser **109** (1956): 275–280.

– *Vaucheria* types in the Dillenian Herbaria. Brit. phycol. Bull. **3** (3) (1968): 463–469.

– *Vaucheria* collections from Vaucher's region. Biol. Skr. Dan. Vid. Selsk. **16** (4) (1969): 1–36.

– *Vaucheria prona*, a new name for a common alga. Bot. Tidsskr. **65** (1970): 245–251.

Collins, F.S.: Preliminary lists of New England Plants. V. Marine Algae. Rhodora **2** (1900): 41–52.

Dangeard, P.: Sur la présence de pyrènoides chez quelques Vauchéries. Compt. rend. Acad. Sci. **205** (1937): 1429–1431.

– Sur les algues *Vaucheria* observées dans la région du Sud-Ouest et sur une nouvelle espèce de ce genre. Compt. rend. Acad. Sci. **208** (1939): 297–299.

– Le genre *Vaucheria* spécialement dans la région du sud-ouest de la France. Le Botaniste **29** (1939): 183–265.

– Sur la prétendue reproduction des *Vaucheria* par des acinètes et des spores amïboides et sur le nouveau genre *Asterosiphon*. Compt. rend. Acad. Sci. **210** (1940): 719–721.

– Le nouveau genre *Asterosiphon* et sa place sytématique. Le Botaniste **31** (1942): 271–293.

Debray, F.: Sur *Notommata Werneckii*, Ehrb., parasite des Vauchériées. Bull. Sci. France et Belgique, Paris (1890): 222–242.

De Candolle: Extrait d'un rapport sur les Conferves, fait à la Société philomatique par le C. Decandolle. Bull. Sci. Philom. **III.** No. 51 (1801) (an 9 de la République): 17–21. Paris.

De Lamarck et De Candolle: Flore francaise. Tome II, Paris 1805: 61–65.

Descomps, S.: Contribution à l'étude infrastructurale des Vauchéries (Xanthophycées, Chromophytes). Compt. rend. Acad. Sci. **256** (1963): 1333–1335.

De Wildeman, E.: *Vaucheria Schleicheri* sp. nov. Bull. Herb. Boissier **3** (1895): 588–592.

Dittrich, M.: *Vaucheria* – die Alge der Philosophen. Wiss. Ann. Berlin **4** (1955): 432–444.

Dumortier, B.C.: Commentationes Botanicae. Tournay 1823.

Ehrenberg: Dritter Beitrag zur Erkenntnis großer Organisation in der Richtung des kleinsten Raumes. Abh. k. Akad. Wiss. Berlin 1834: 145–336 (S. 216–217).

Gauthier-Lièvre, L.: Algues africaines nouvelles, rares ou imparfaitement connues. Bull. Soc. Hist. Nat. Afrique du Nord **45** (1954): 98–111.

– Le genre *Vaucheria* en Afrique du Nord. Bull. Soc. Hist. Nat. Afrique du Nord **46** (1955): 309–331.

Götz, H.: Zur Systematik der Gattung *Vaucheria* DC. speziell der Arten der Umgebung Basels. Flora **83** (1897): 88–134.

Gray, S.F.: Natural arrangement of British Plants. Vol. I, London 1821.

Greenwood, A.D., Manton, I. and Clarke, B.: Observations on the Structure of the Zoospores of *Vaucheria* I.J. exptl. Botany **8** (1957): 71–86.

Greenwood, A.D.: Observations on the Structure of the Zoospores of *Vaucheria* II. J. exptl. Botany **10** (1959): 55–68.

Hansgirg, A.: Prodromus der Algenflora von Böhmen. Bd. I. Prag 1886.

Hassall, A.H.: Descriptions of British Freshwater Confervae, mostly new, with observations on some of the Genera. Ann. Mag. Nat. Hist. XI (1843): 428–437.

Heering, W.: Die Süßwasseralgen Schleswig-Holsteins 2. Chlorophyceae (Allgemeines-Siphonales). Jahrb. Hamburg. Wiss. Anst. XXIV, 1906. (3. Beiheft) 124 S. Hamburg 1907.

– Siphonales in: Pascher, A.: Die Süßwasserflora Deutschlands, Österreichs und der Schweiz. H. 7. 31 S. Jena 1921.

Heidinger, W.: Die Entwicklung der Sexualorgane bei *Vaucheria.* Ber. Deutsch. Bot. Ges. **XXVI** (1908): 313–363.

Hirn, K.E.: Finnländische Vaucheriaceen. Meddel. Soc. Fauna et Flora Fenn. **26** (1900): 85–90.

Islam, A.K.M.N.: Taxonomic study of the species of *Dichotomosiphon* and *Vaucheria* found in East Pakistan. Proc. Pak. Acad. Sci. **2** (1) (1965): 47–56.

Iwanoff, L.A.: Algologische Beobachtungen auf der Biologischen Station zu Bologoie im Sommer 1897. Travaux Soc. Imp. Nat. St. Petersbourg **XXVIII** (7) (1897): 269–273; 282–283.

– Über neue Arten von Algen und Flagellaten *(Stigeoclonium, Vaucheria, Spirogyra, Gonyostomum)*, welche an der biologischen Station zu Bologoje gefunden worden sind. Bull. Soc. Imp. Nat. Moscou. Nouv. Sér. **13** (1899): 423–449. (432–442).

Jao, Chin-Chih: Studies on the freshwater algae of China. II. Vaucheriaceae from Szechwan. Sinensia **7** (1936): 730–747.

Jao, Chin-Chih and Ley, Shang-Hao: Notes on *Vaucheria Jaoi* Ley. Bot. Bull. Acad. Sinica **1** (1947): 103–106.

Kataoka, H.: Phototropism in *Vaucheria geminata* I. Plant and Zell Physiol. **16** (1975): 427–437.

– Phototropism in *Vaucheria geminata* II. Plant and Zell Physiol. **16** (1975): 439–448.

Kolbe. R.W.: Zur Ökologie, Morphologie und Systematik der Brackwasser-Diatomeen. Die Kieselalgen des Sperenberger Salzgebietes. Pflanzenforsch. (Kolkwitz) H.7. Jena 1927.

Kolkwitz, R. u. Kolbe, R.W.: Zur Kenntnis der Kalktuffbildung durch Grünalgen. Ber. Deutsch. Bot. Ges. **XLI** (7) (1923): 312–316.

Kützing, F.T.: Die Umwandlung niederer Algenformen in höhere, so wie auch in Gattungen ganz verschiedener Familien und Klassen höherer Cryptogamen mit zelligem Bau. Natuurk. Verh. Holl. Maatsch. Wetensch. Haarlem 1841. 131 S.

– Phycologia generalis. Leipzig 1843.

– Species Algarum. Lipsiae 1849. 922 S., S. 486–489.

– Tabulae phycol. Bd. VI. Nordhausen 1856.

Li, Liang Ching: The Freshwater Algae of China III. A Monograph of the algal genus *Vaucheria* in China. Bull. Fan. Mem. Inst. Biol. (Botany) **7** (3) (1936): 95–111.

Liebmann, H.: Handbuch der Frischwasser- und Abwasser-Biologie. Bd. I. Jena 1962.

Luther, H.: Über *Vaucheria arrhyncha* Heidinger und die Heterokonten-Ordnung Vaucheriales Bohlin. Acta Bot. Fenn. **52** (1953): 3–24.

Marchant, H.J.: Pyrenoids of *Vaucheria woroniniana* Heering. Br. phycol. J. **7** (1972): 81–84.

Martius, C.F.P.: Flora cryptogamica Erlangensis. Norimbergae 1817.

Massalski, A. and Leedale, G. F.: Cytology and Ultrastructure of the Xanthophyceae. I. Comparative Morphology of the Zoospores of *Bumilleria sicula* Borzi and *Tribonema vulgare* Pascher. Br. phycol. J. **4** (2) (1969): 159–180.

Micheli, P.A.: Nova plantarum genera juxta Tournefortii methodum disposita. Florentiae 1724.

Moestrup, Ø.: On the fine structure of the spermatozoids of *Vaucheria sescuplicaria* and on its later stages in spermatogenesis. J. mar. Biol. Ass. U.K. **50** (1970): 513–523.

Morton, F. u. Gams, H.: Höhlenpflanzen. Wien 1925. (Speläologische Monographien Bd. V).

Müller, O.F.: Von unsichtbaren Wassermosen, Beschäft. Berlinisch. Ges. Naturf. Freunde **4** (1779): 42–54.

– Histoire de Confervis palustribus oculo nudo invisibilibus. Commentarii

Acad. sci. Imp. Petropolitanae IV. ser. (Nova Acta Acad. etc. IV. Ser.) **3** (1788): 89–98.

Nordstedt, O.: Algologiska småsaker 2. *Vaucheria*-studier 1879. Bot. Notiser (1879): 177–190.

Oltmanns, F.: Über die Entwicklung der Sexualorgane bei *Vaucheria*. Flora **80** (1895): 388–420.

Ott, D.W. and Brown, R.M.: Developmental cytology of the genus *Vaucheria* I. Br. phycol. J. **9** (1974): 111–126.

– – Developmental cytology of the genus *Vaucheria* II. Br. phycol. J. **9** (1974): 333–351.

– – Developmental cytology of the genus *Vaucheria* III. Br. phycol. J. **10** (1975): 49–56.

– – Developmental cytology of the genus *Vaucheria* IV. Br. phycol. J. **13** (1978): 69–85.

Ott, D.W. and Hommersand, M.H.: Vaucheriae of North Carolina. I. Marine and brackish water species. J. Phycol. **10** (1974): 373–385.

Parker, B.C., Preston, R.D. and Fogg, G.E.: Studies of the structure and chemical composition of the cell walls of Vaucheriaceae and Saprolegniaceae. Proc. Roy. Soc. London, Ser. B **158** (1963): 435–445.

Puymaly, A. de: Reproduction des *Vaucheria* par zoospores amiboïdes. Compt. rend. Acad. Sci. Paris **174** (1922): 824–827.

– Recherches sur les Algues vertes aériennes. 274 S. Bordeaux 1924.

Rabenhorst, L.: Flora europaea Algarum aquae dulcis et submarinae. Sect. III. Lipsiae 1868.

Rajus, J.: Synopsis methodica stirpium britannicarum. Ed. III. Londini 1724.

Rieth, A.: Eine neue *Vaucheria* der Sektion Woroninia aus dem Arterner Salzgebiet. Arch. Protistenk. **98** (3/4) (1953): 327–341.

– Zur Kenntnis halophiler Vaucherien. Flora **143** (1956): 127–160.

– *Vaucheria lii* nov. spec. Zeitschr. f. Botanik **47** (1959a): 218–225.

– Periodozität beim Ausschlüpfen der Schwärmsporen von *Vaucheria sessilis* De Candolle. Flora **147** (1959b): 35–42.

– Eine diözische Rasse und experimentelle Kreuzung bei *Vaucheria dichotoma* (L.) Agh. Flora **150** (1961): 501–502.

– *Vaucheria borealis* aus den Norischen Alpen. Österr. Bot. Z. **109** (1962a): 510–520.

– Das Akinetenstadium von *Vaucheria*. Monatsber. Deutsch. Akad. Wiss. **4** (1962b): 519–522.

– Über *Gongrosira dichotoma* Kütz. und *Asterosiphon* Dang. I. Gibt es ein «*Gongrosira*-Stadium» bei *Vaucheria*? Limnologica **1** (1962c): 197–210.

– Die Algen der chinesisch-deutschen biologischen Sammelreise durch Nord- und Nordostchina 1956. I. Die Vaucheriaceen 1. Teil. Limnologica **1** (1963a): 287–313.

– Beiträge zur Kenntnis der Gattung *Vaucheria*. X. Limnologica **1** (5) (1963b): 457–472.

– Die Algen der chinesisch-deutschen biologischen Sammelreise durch Nord- und Nordostchina 1956. I. Die Vaucheriaceen 2. Teil. Limnologica **3** (1965a): 139–162.

– Beiträge zur Kenntnis der Vaucheriaceen. XI. Die Kulturpflanze XIII (1965b): 495–507.
– Beobachtungen über Polarität und Regeneration an Vaucherien. Die Kulturpflanze XVII (1969): 141–161.
– Beiträge zur Kenntnis der Vaucheriaceae. XVI. Arch. Protistenk. **116** (1974): 201–209.
– Beobachtungen an Langzeitkulturen von *Vaucheria*, Wachstumsintensität und Wasserspeicherung. Die Kulturpflanze XXIV (1976): 365–378.
– Beiträge zur Kenntnis der Vaucheriaceae. XIX. Der Formenkreis von *Vaucheria prolifera* Dangeard 1939. Arch. Protistenk. **120** (1978a): 278–286.
– Beiträge zur Kenntnis der Vaucheriaceen. XX. *Vaucheria lii* var. *bipora* nov. var. Die Kulturpflanze XXVI (1978b): 383–388.
– Beiträge zur Kenntnis der Vaucheriaceae. XXI. Monözie und Diözie im Formenkreis von *Vaucheria dichotoma* (L.) Agardh und die Art *Vaucheria starmachii* Kadłubowska. Arch. Protistenk, **120** (1978c): 409–419.
Rieth, A. und Sagromsky, H.: Chlorophylle bei Vertretern der Botrydiales. Arch. Protistenk. **114** (1972): 96–100.
Roth, A.W.: Catalecta botanica II u. III. Lipsiae 1800 u. 1806.
Rothert, W.: *Vaucheria walzi* n. sp. La Nuova Notarisia, Ser. VII (1896a): 81–83.
– Ueber die Gallen der Rotatorie *Notommata Wernecki* auf *Vaucheria Walzi* n. sp. Pringsh. Jahrb. wiss. Bot. **XXIX** (1896b): 525–594.
Sarma, P. and Chapman, V.J.: Light and scanning electron microscopic study of *Vaucheria pachyderma* Walz collected from Auckland, New-Zealand. Nova Hedwigia **XXVI** (1975): 233–251.
Sauer, F.: Die Makrophytenvegetation ostholsteinischer Seen und Teiche. Arch. Hydrobiol. Suppl. VI. 1937: 431–478.
Saxena, P.N.: Algae of India – 2. Vaucheriaceae. Bull. National Bot. Gardens No 70. Luknow, India 1962.
Schmitz, Fr.: Untersuchungen über die Zellkerne der Thallophyten. Verh. naturhist. Ver. preuß. Rheinl. u. Westf. **36** (1879): 345–377.
Simons, J.: *Vaucheria birostris* n. sp. and some further remarks on the genus *Vaucheria* in the Netherlands. Acta Bot. Neerl. **23** (4) (1974a): 399–413.
– *Vaucheria compacta:* A euryhaline estuarine algal species. Acta Bot. Neerl. **23** (5) (1974b): 613–626.
– *Vaucheria riethii* nov. spec., *V. undulata* Jao und weitere *Vaucheria*-Funde aus dem Triebental, Österreich. Arch. Protistenk. **120** (1978): 393–400.
Skuja, H.: Grundzüge der Algenflora und Algenvegetation der Fjeldgegenden um Abisko in Schwedisch-Lappland. Nova Acta Reg. Soc. Sci. Upsal. Ser. IV, **18** (3) (1964): 465 S.
Solms-Laubach, H. Grafen zu: Über *Vaucheria dichotoma* DC. Bot. Z. **25** (1867): 362–366.
Stahl, E.: Über die Ruhezustände der *Vaucheria geminata*. Bot. Z. **37** (1879): 129–137.
Starmach, K.: Siphonales in: Flora słodkowodna Polski **10**. Warzawa-Kraków 1972. 70 S.

Taylor, W. R.: Notes on North Atlantic Marine algae I. Papers of the Mich. Acad. Sci. Arts and Letters **XXII** (1937): 225–233.

Tiffany, L. H.: A physiological study of growth and reproduction among certain green algae. Ohio J. Science **XXIV** (2) (1924): 65–98.

Trentepohl, J. F.: Beobachtungen über die Fortpflanzung der Ectospermen des Herrn Vaucher, insonderheit der *Conferva bullosa* Linn. nebst einigen Bemerkungen über die Oscillatorien. In: Bot. Bemerkungen und Berichtigungen von A. W. Roth. Leipzig 1807.

Unger. F.: Die Metamorphose der *Ectosperma clavata Vauch. Nova* Acta Acad. Caes. Leopold. Carol. Bonnae 1827.

– Die Pflanze im Momente der Thierwerdung. Wien 1843.

Vaucher, P.: Mémoire sur les graines des Conferves. J. Phys. Chim. Hist. nat. et Arts **LII** (1801): 344–359.

– Histoire des Conferves d'eau douce. Genève 1803. 278 S.

Venkatamaran, G. S.: Vaucheriaceae. New Delhi 1961. 112 S.

Voigt, M.: Rotatoria. Die Rädertiere Mitteleuropas. Berlin-Nikolassee 1957.

Wallner, J.: Beitrag zur Kenntnis der Vaucheriatuffe. Zentralbl. Bakteriol., Parasitenk. und Infektionskrankheiten **90** (1934): 150–154.

Walz, J.: Morfologija i sistematika roda *Vaucheria* DC. Univ. Isvest. Kiew **11** (1865): 1–22. (Russisch).

– Beitrag zur Morphologie und Systematik der Gattung *Vaucheria* DC. Jahrb. wiss. Bot. **5** (1866–1867): 127–158.

Woronichin, N. N.: Novye vidi vodoroslej s Kavkaza III. Bot. mat. Inst. Spor. Rast. **2** (9) (1923): 142.

– Spisok vodoroslej, sobrannych doc. D. A. Tarnogradskim v. okrestnostjach Enzeli. Raboty Sev.-Kavkas gidrobiol. stancii pri Gorskom s.-ch. in-te **1** (1) (1925): 6.

Woronin, M.: Beitrag zur Kenntnis der Vaucherien. Bot. Z. **27** (9) (1869): 138–144.

– *Vaucheria debaryana* n. sp. Bot. Z. **38** (25) (1880): 425–432.

Yamagishi, T.: Genus *Vaucheria* in Japan. J. Japanese Bot. **34** (3) (1959): 72–85.

Zauer, L. M.: Die Gattung *Vaucheria* de Candolle in der USSR. Bot. Zhurn. **59** (5) (1974): 719–725. (Russisch).

– Siphonaceae in: Flora plantarum cryptogamarum URSS. **10**. Leninopoli 1977. 70 S. (Russisch).

(Die im Text (bei im Gebiet nicht beobachteten Arten) bereits vollständig zitierte Literatur ist hier nicht wiederholt!)

Namenverzeichnis

(Die kursiv gedruckten Namen sind Synonyma, fett wiedergegebene Seitenzahlen deuten an, daß dort die betreffenden Taxa ausführlich behandelt sind.)

Acrandrae Ott et Hommersand 13, 36, **126**
Androphorae Nordstedt 13, 36, **112–115**
Anomalae Hansgirg 13, 37, **102–112**
Asterosiphon Dangeard 1, 8, 35, **133–137**
  dichotomus (Kütz., Dang.) Rieth **134–137**
  terrestre Dang. 134

Blastocladiella Matthews 2
Botrydium Wallroth 1, 98, 133, 137
  divisum Iyengar 35
Byssus terrestris 2

Calothrix fusca (Kütz.) Bornet et Flahaut 76
Catenaria Sorokin 2
Chaetophora incrassata Hazen 76
Chytridium cejpii Fott 34
  lagenaria Schenk 34
  pyriforme Reinsch 34
  sexuale Koch 34
Conferva bursata 58
  dilatata Roth 31
  fontinalis L. 10, 45
Contortae Dang. 13, 37, **127**
Corniculatae Walz 14, 37, **55–102**
Cosmarium speciosum Lund 76
Cyclops lupula 31

Ectosperma cruciata Vauch. 29, 106
Entophlyctis helioformis (Dang.) Ramsbottom 34
  rhizina (Schenk) Minden 34
  vaucheriae (Fisch) Fischer 34
  woronichinii Jaczewski 34

Fucus sp. 1

Geminata Gruppe 28, 64, **76–85**
Globiferae Heidinger 14, 37, **49–54**
Gongrosira dichotoma Kütz. 134

Hamata-terrestris Gruppe 28, 64, **85–102**
Heeringia Blum 13, 37, **127–129**
Hercynianae Rieth 13, 37, **130–132**

Meridion circulare Agardh 76
Mougeotia sp. 92

Notommata werneckii Ehrbg. 31

Olpidium entophytum (Braun) Rabenh. 34

Phlyctochytrium biporosum Couch 34
  bullatum Sparrow 34
  planicorne Atkinson 34
  quadricorne (de Bary) Schroeter 34
  vaucheriae Rieth 34, 118
Phyllosiphon sp. 1
Piloboloideae Walz 13, 36, **115–125**
Proales wernecki (Ehrbg.) Huds. et Gosse 31, 32
Protonema dichotomum Kütz. 134
Pseudoanomalae Jao et Ley 13, 37, **126–127**
Pseudogeminata Gruppe **64–76**
Pythium sp. 33, 34

Racemosae Walz 14, 55, **63–102**
Rhizophytium constantineani Saccardo 34
  multiporum de Wildeman 34
  pyriformis Valkanov 34
  vaucheriae de Wildeman 34

Saprolegnia C. G. Nees 2
Sessiles Walz 14, **55–63**
Spirogyra sp. 92

Tribonema vulgare Pascher 92
Tubuligerae Walz 13, 37, **45–48**

Vaucheria De Candolle **36–132**
acrandra Ott et Hommersand 126
adela Ott et Hommersand 126
adunca Jao 75, 102
alaskana Blum 16, 64, 65, **72–73**, 112
amphibia Randhawa 102
antarctica Reinsch 63
arcassonensis Dang. 127
arechavaletae Magnus et Wille 126, 127
arrhyncha Heidinger 16, 17, 19, 96, **128–129**
aversa Hass. 16, 32, 33, 45, **46–48**
bermudensis Taylor et Bernatowicz 16, 116, 124
bilateralis Jao 48
birostris Simons 15, 16, 73, 102, **111–112**
borealis Hirn 17, 18, 26, 55, **56–58**
f. minor Woronichin 56
bursata (O. F. Müller) Agardh 58

clavata Lyngbye 119
canalicularis (L.) Christensen 102
compacta (Collins) Collins in Taylor 16, 17, 25, 26, 34, 116, **121–125**
var. compacta **123–124**
var. dulcis Simons 123, **124–125**
var. koksoakensis Blum et Wilce 124
constricta Yamada 44
coronata Nordstedt 14, 15, 16, 115, 116
cruciata (Vauch.) DC. 106

debaryana Woronin 5, 18, 19, 20, 29, 33, 34, 102, **106**, **108–109**, 110, 137
f. debaryana **108**
f. *minor* Theodoresco 108
f. polyandra Rieth 26, 108, **110**
dichotoma (L.) Agardh 9, 16, 18, 19, 20, 22, 24, 34, 38, **40–42**, 44, 68, 121
f. *arternensis* Rieth 38
f. dioica Rieth **42**
f. monoica Rieth **42**
dillwynii (Web. et Mohr) Agardh 49
discoidea Taft 102

erythrospora Christensen 5, 64, 65, **74–75**, 85, 102

fontinalis (L.) Christensen 45
frigida (Roth) Agardh 87, 90

gardneri Collins 100
geminata (Vauch.) DC. 5, 8, 28, 34, 76, **77–79**, 80, 81, 104, 108, 110
var. racemosa Walz 79
var. verticillata (Kütz.) Rabenh. 79
f. pedunculata (Arechavaleta) Heering 100
globulifera West et West 48
glomerata Blum et Womersly 15, 16, 115, 116, 119, 124

hamata Götz 5, 8, 9, 19, 85, 86, 89, **93,95–96**, 97, 137
f. *salina* Rieth 74
hercyniana Rieth 9, 15, 19, 21, 26, **130–132**

intermedia Nordstedt 17, 19, 34, 115, **116–119**

jaoi Ley 126, 127
japonica Yamagishi 44
jonesii Prescott 48

karnaphulii Islam 44

lii Rieth 21, 64, 65, 66, **68–72**, 121
  var. lii 69, **70**
  var. bipora Rieth 15, 16, 68, 70, **71–72**
litorea Hofm. et Agardh 5, 15, 16, 19, 25, 27, 115, 116, **119–121**
longata Blum 26, 73, 76, 77, 79, 81, **83–85**, 108, 110
longicaulis Hoppaugh 115, 124

mayyanadensis Erady 7, 44
medusa Christensen 5, 17, 73, 112, 115, 116
megaspora Iwanoff 85, 86, **100–101**
minuta Blum et Conover 16, 115, 116
mulleola Skuja 19, 64, **75–76**, **92**

nasuta Taylor et Bernatowicz 16, 115, 124
nicholsi Brown 42

orientalis West et West 102
ornithocephala Agardh 6, 7, 10, 16, 34, 43, **45–46**, **47**, 48
orthocarpa Reinsch
  var. major Smith 63

patagonica Hylmö 119
pachyderma Walz 15, 16, 17, 18, 19, 31, **49–51**, 54
  var. chittagonensis Islam 54
  var. islandica Børgensen 49, 56
    f. filis crassioribus Borge 49, 56
piloboloides Thuret 5, 16, 116
polysperma Hass. 45
prescotti Islam 44
prolifera Dang. 21, 25, 26, 49, **51–54**, 127
  var. prolifera 53
    f. corniculata Rieth **53–54**, 55
  var. reticulospora Rieth 17, 18, 53, **54**

prona Christensen 93
pronosperma Islam 54
pseudogeminata Dang. 16, 64, 65, **66–68**, 75, 77, 137
pseudomonoica Fritsch et Rich 102
pseudosessilis Chapman 63

racemosa (Vauch.) DC. 96
riethii Simons 72

sacculifera Kütz. 31
schleicheri de Wildeman 20, 38, **42–44**
scrobiculata Magnus et Wille 102
sescuplicaria Christensen 18, 28, **38–40**
sessilis (Vauch.) DC. 7, 10, 15, 16, 19, 25, 26, 30, 31, 34, 55, **58–63**, 73, 92, 112, 137
  f. clavata (Vauch.) Heering 60
  f. major (Smith, Venkataman) Zauer 60, 63
  f. repens (Hass.) Hansgirg 60
  f. sessilis 60
  f. sylhetensis Islam 63
sphaerospora Nordstedt 5, 116
starmachii Kadłubowska 40, 42
subarechavaletae Borge 127
submarina Berkeley sensu de Wildeman 44
subsimplex Crouan et Crouan 116
synandra Woronin 16, 26, 28, **113–115**, 119

taylorii Blum 76, 77, **79–81**, 83
terrestris Götz 8, 18, 31, 85, **87–93**, 97, 137
  var. major Rieth 90, 91, **93–94**
  var. nuoljae Skuja 19, **91–92**
thuretii Woronin 5, 34, 38, 44
trigemina Kütz. 81

uncinata Kütz. 96, 128
uncinata Kütz. sensu Rabenh., Götz, Heering 96, 128
undulata Jao 66, 79, 85, **86–87**, **88**

velutina Agardh 44
verticillata Meneghini sensu Kütz. 28, 76, 77, 79, **81–83**, 84
vipera Blum 127

walzi Rothert 28, 85, 86, **96–99**, 137
f. rostrata Rieth 97, **98**, **99**
woroniniana Heering 5, 19, 26, 33, 34, 73, 77, 79, **102–106**, 111, 112
f. pendula (Götz) Heering 104, **105**, 107
f. quadripora Rieth 104, **105–106**, 107
f. woroniniana 104, **105**, 107
Vaucheriopsis arrhyncha (Heidinger) Heering 128

Woronina glomerata (Cornu) Fischer 34
Woroninia Solms-Laubach 13, 37, **38–44**

Zygnema sp. 76, 92
Zygorhizidium vaucheriae Rieth 33, 34

Süßwasserflora von Mitteleuropa, Bd. 4: Rieth, Xantophycease 2. Teil

Berichtigungen und Ergänzungen

S. 24 Kataoka gab 1980 eine Berichtigung seiner Nährlösung. Danach ist zu setzen:
statt «Kataoka 1975», «Kataoka 1980»
«$MnCl_2 \cdot 4\ H_2O$ 246 μg» statt «582 μg»; «$CoCl_2 \cdot 6\ H_2O$ statt «30 μg»; «Biotin 0,1 μg» statt «0,0001 μg»; «Vitam 0,1 μg» statt «0,0001 μg». Hinzuzufügen ist: «$ZnCl_2$ 3 $FeCl_3 \cdot 6\ H_2$ 582 μg.
Gepuffert mit 0,1 mM Tris-HCl (p_H7,2) oder 0,1 mM Hl (p_H7,0).»

S. 34 Der Liste ist anzufügen:
«Parasitische Chlorophyceae, Chlorococcales: *Valkanovi vaucheriae* (Valk.) Bourrelly 1965. Parasitisch in *Vaucheria dic toma*, Schwarzmeerküste, Bulgarien.»

S. 35 3. Zeile von oben: «Vaucheriales» ist zuzufügen:
«Bohlin 1901, S. 15.»

S. 66 15. Zeile von oben bei:
«... jedoch unter der der Oogonien.» muß es richtig lauten:
«... jedoch kaum unter der der Oogonien.»

S. 77 Zeile 9 von unten bei:
«... Oogonien und vom Oogonstiel ...» ist einzufügen:
«... Oogonien und – sehr charakteristisch – vom Oogonstiel ...»

S. 99 Unterste Zeile der Beschriftung von Fig. 41:
«..., k Keimrisslage ...» ist einzufügen:
«..., k und l Keimrisslage ...»

S. 122 3. Zeile von unten:
an Stelle von «2–5» setze «0–1».

S. 123 3. Zeile von oben:
an Stelle von «0–1» setze «2–5».

S. 130 Statt «23. *Vaucheria hercyniana*» ist zu lesen
«32. *Vaucheria hercyniana*».

S. 138 Nach Borge, O. ist einzufügen: «Bohlin, Knut: Utkast till de gröna algernas och Arkegoniaternas fylogeni. Upsala 1901.»
Bei Bourrelly, P. ist zu ergänzen:
- Note de nomenclature algale: *Valkanoviella* nov. nom. Revue Algologique N.S. 8 (1965): 64–65.

S. 140 Den Veröffentlichungen von Kataoka ist anzufügen:
- Phototropism: determination of an action spectrum in a tip-growing cell in: Gantt, E.: Handbook of Phycological Methods. Developmental and Cytological Methods. Cambridge 1980.

MIX
Papier aus verantwortungsvollen Quellen
Paper from responsible sources
FSC® C105338

If you have any concerns about our products, you can contact us on
ProductSafety@springernature.com

In case Publisher is established outside the EU, the EU authorized representative is:
Springer Nature Customer Service Center GmbH
Europaplatz 3, 69115 Heidelberg, Germany

Printed by Libri Plureos GmbH
in Hamburg, Germany